INSOUTENABLES
INÉGALITÉS

不可持续的
不平等

POUR UNE JUSTICE SOCIALE
ET ENVIRONNEMENTALE

LUCAS CHANCEL

［法］卢卡·尚塞尔——著

吴樾——译

浙江人民出版社

« INSOUTENABLES INÉGALITÉS » by Lucas Chancel

© Les petits matins/Institut Veblen, 2017

"This edition is published by arrangement with Les petits matins in conjunction with its duly appointed agents Julian Nossa, Paris, France and Divas International, Paris, France 巴黎迪法国际版权代理 All rights reserved."

图书在版编目（CIP）数据

　　不可持续的不平等 ／（法）卢卡·尚塞尔著 ； 吴樾译. -- 杭州 ： 浙江人民出版社，2025. 4. -- ISBN 978-7-213-11862-3

　　Ⅰ. X196

　　中国国家版本馆CIP数据核字第20254G9Q94号

浙江省版权局
著作权合同登记章
图字:11-2022-153号

不可持续的不平等

BUKE CHIXU DE BU PINGDENG

［法］卢卡·尚塞尔　著　　吴　樾　译

出版发行：浙江人民出版社（杭州市环城北路177号　邮编　310006）

　　　　　市场部电话:(0571)85061682　85176516

责任编辑：周思逸　赖　甜

特约编辑：李　璞

责任校对：汪景芬

责任印务：钱钰佳

封面设计：甘信宇

电脑制版：杭州兴邦电子印务有限公司

印　　刷：浙江新华印刷技术有限公司

开　　本：787毫米×1092毫米　1/32　　印　　张：6.125

字　　数：114千字

版　　次：2025年4月第1版　　　　印　　次：2025年4月第1次印刷

书　　号：ISBN 978-7-213-11862-3

定　　价：49.00元

如发现印装质量问题，影响阅读，请与市场部联系调换。

目　录

新版序言

在那些已饱受不正义之苦的社会中，新冠病毒大流行让不平等雪上加霜。最贫困的那些人往往正是最容易暴露于病毒的人。当那些"劳动先锋"*面对第一波大流行时，没有口罩，没有保护，面临着无解的抉择：要么冒着生命风险去上班，要么冒着失业风险自我防护。这些人里面包括了收银员、护工和其他更多保障基本服务的工作人员。这些领域当中有千百万不知名的人日复一日埋头苦干，维持社会运行的物质基础。

而社会其他阶层当中，那些"白领"们，那些中产阶级和上层阶级，他们的工作已经去物质化，可以在客厅的沙发上或

---

* "劳动先锋"化用自premier de cordée一词，该词原意指在登山队最前方牵引登山绳的队员，法国总统马克龙曾经用它来形容企业家在法国经济中的地位；而原文中的premier de corvé一词则用来强调那些保障社会日常运转的基层劳动者对法国经济社会的重要性，并借此表达对马克龙言论的不以为然。——译注（以下如无特别标注，本书脚注为译注。）

度假别墅中召开一个又一个远程视频会议。他们当中一些人会在社交网络或报纸上分享他们的居家封控*体验，描述在花园中度过的早晨有多么静谧——他们的世界远离超负荷运转的医院，远离被封控的狭小陋室，远离持续营业的大型超市。

　　暴露于病毒的不平等由于应对病毒的不平等而雪上加霜。总体而言，最贫穷者享受到的医疗服务比最富裕者更差，就诊程序也更加困难。这种社会梯度在贫穷国家中是显而易见的，但在西方实际上也一样。在美国，黑人出生时的死亡风险是白人的两倍，这主要是由于非裔美国人母亲受到的医疗照护比其他人要少。在拥有全民免费医疗体系的欧洲国家，贫穷地区拥有的医疗服务设施也往往更少。这种接触病毒和接受治疗的双重不平等导致的后果无可挽回：在全球死亡率统计资料中，最弱势群体所占的比例高到不相称。

　　问题远不止于此。大流行导致了一连串的企业倒闭和破产，毫不意外，工作不稳定者、低收入者、非正规经济中的工作者首当其冲。在法国最贫穷的10%人口当中，35%的人表示生活水平下降，是最富有的10%人口中有同样感受者数量的两

---

* 新冠疫情暴发之后，法国于2020年3月17日至6月2日、10月30日至12月15日、2021年4月3日至5月3日分别实施三次宽严程度不同的全国性居家封控措施，其间除政府认定的"必需行业"维持运营以外，所有人原则上都必须待在固定住所中，每天只允许以特定理由在有限时间、指定范围内单独外出活动，并需填写、携带说明以备抽查。由于不同社会阶层的居家封控条件天差地别，这在法国社会中引起了关于不平等问题的广泛讨论。

倍。在美国，最贫穷的四分之一人口受到的失业冲击是最富有四分之一人口的将近三倍。在这些最受冲击的人群当中，女性所承受的比男性更甚，黑人与拉丁裔女性所承受的则比白人女性更甚。我们在此发现，社会、种族、性别等各层面的不平等相互交织。在几乎不存在社会安全网的新兴国家里，危机造成的不平等后果更加严重，现有的资料已经证明这一点。不幸的是，这些机制对于社会不正义现象的研究者来说早已是司空见惯。社会内部不平等的回归是我们这个时代的特点。这种回归并非不可避免，但当每次新冲击（如大流行病、经济危机、生态危机）到来的时刻，如果没有采取预防措施，不平等就会通过如前所述的机制（暴露于病毒的不平等和应对病毒的不平等）而变本加厉。

要想理解并纠正这些不平等机制，就应该看看社会金字塔顶端在发生什么。在那里，有一种趋势在2020年显露痕迹。当二月和三月股市大跌之后，市场交易却开始增长；当失业率暴增之时，纽约、法兰克福的股市又创下新的纪录。那些最富有的股东们的财富也随之增长。就是这样，尽管全球生产量在2019年底到2021年初创下了第二次世界大战以来的最大跌幅，福布斯排行榜上亿万富豪们的财富却增加了3.8万亿欧元，涨幅达50%。正如同美国人所说，"主街和华尔街"之间横亘着巨大鸿沟。*

---

* 华尔街指代金融业，而主街指代金融业之外的实体经济和传统产业。

一场全球社会与生态危机

如前所述，这场公共卫生危机加剧了世界各地的不平等：这是一场深刻的全球社会危机。那么为什么它还同时是一场生态危机呢？尽管新冠病毒的起源仍然不见谜底，但它很可能就是一种人畜共患病毒，即起源于动物界并传播给人类。现在要想知道它到底是如何传播给人的还为时过早，也许我们永远都不会知道答案。但毋庸置疑：新冠病毒是在某些动物种群中发展壮大的，比如自然栖息地受到人类活动威胁的蝙蝠。森林砍伐和地面人工硬化扰乱了这些动物的栖息方式，它们被迫逃离并寻找避难所。这些动物随后与其他环境接触，使得病毒传播给人类。由此来看，新冠病毒大流行是一场有生态根源的危机。

无论新冠病毒的确切起源是什么，这场危机已经明显地改变了我们与环境、距离和周围事物的关系。在微观层面上，这场大流行首先至少在一段时间内改变了我们与空间的关系。封控禁足的那段时间重新定义了我们对内部和外部的体验。在更大层面上，已经消失的国界被重新激活（尤其是欧洲），交通工具全球化和商务旅行曾经将千百万人从某一个国界的束缚中部分剥离，而这场危机又将他们重新捆绑回去。它还扰乱了供应链，提醒我们全球资源总有山穷水尽的一天，我们自己领土上的资源更是如此。它还提醒我们西方人，我们每天都在消费世界其他地方的一部分资源。口罩、消毒凝胶和疫苗在许多国家的持续短缺则让我们注意到，在21世纪初人类社会相互依赖的程度有多深。这种资源短缺情况是由残酷的实力对比导致的，并与国境内的资源管控有关，它本身并不是什么新鲜事，但全球大市场的抽象化和洲际自由贸易协定曾经将其粉饰起来。因此，这场大流行促进了人们对全球生态制约的认识。用哲学家布鲁诺·拉图尔（Bruno Latour）的说法，它强迫人们痛苦地"返回地球表面"（retour sur Terre）[*]。

未来的世界如何建构？

这场危机除了带来一连串悲剧以外，也带来了机遇。但我们仍然需要下决心去把握它。为此，我们首先要理解其中的关键：到底是怎样的一种不平衡在起作用，以及它如何与我们的经济、政治、生态体制中现存的缺陷相结合？为什么近几十年来的环境失调首先是个社会问题？为什么生态是社会不正义的

---

[*] 参阅Bruno Latour, *Où atterrir ? Comment s'orienter en politique*, La Découverte, 2017 以及 *Où suis-je ?Leçons du confinement à l'usage des terrestres*, La Découverte, 2021。

一个新领域？全世界的社会和生态危机是如何造成的，社会又如何面对？本书旨在回答这些问题，它写作于新冠病毒大流行之前，但其内容如今看来更加切中要害。

20世纪下半叶和20世纪80年代开始了向现代产权制度的过渡，我们的社会从中沿袭来了一种癖好，选择了不平等与环境危机：一方面是国内生产总值的增长（不考虑分配和污染问题），另一方面是公共领域贫困化而私人领域受益。我们需要好好剖析这个（或这一系列）选择，以便了解如何在新冠疫情后、在环境限制下重建一个新世界。

当然，更好地了解政治选择与当前产生混乱的原因并不足以解决问题。这些事件过后我们要怎么做？这几行字落笔之时，我自己正处于两类人之间：一方是崩溃论的拥趸，另一方则认为共享与慈善将取代商品化而急于宣布新世界的降临。危机过后，人类社会可以变得更好，也可以变得更糟，没有什么事先写好的剧本。未来属于那些懂得从过往中汲取教训并且为一个真正的社会规划团结奋斗的人们。

一个国家懂得在危机过后改弦更张的例子在历史上不胜枚举。在第二次世界大战带来重创之后，欧洲国家重新团结起来，创建了全民社会保险，取消了战争遗留的债务（1953年伦敦会议），以便投资于未来。再更久远一些，美国通过重新定义市场与国家的关系，并且将商品领域"重新嵌入"［卡尔·波兰尼（Karl Polanyi）语］政治领域，走出了1929年骇人的经济危机。

还有离我们更近的例子：2002年至2004年的"非典"流行过后，韩国等国家和中国台湾等地区懂得调整其应对危机的政策，对新的流行病建立起反应性极强的机构和操作模式。它们如今的成果证明了这是成功的。

但是，由于人们没有吸取过去危机的教训，由于掌权者对变革不感兴趣，或是由于统治者对于如何实现变革未能达成一致，历史上也存在着很多催生了其他危机的危机。日本在福岛核事故十年之后仍然没有在安全方面吸取全部教训，仍然在依赖核能和碳能源，在实现能源转型的努力上非常滞后。在美国，金融危机的根源并没有被深入探讨。金融体系的监管目前虽然有所改善，但深层问题挥之不去：底层阶级收入微薄的问题在历史上由来已久。新的债务还在继续涌现，尤其是可能比次贷危机更不可承受的助学贷款债务。2008年以来，美国不平等的趋势实际上正在恶化，经济的危机已经催生了民主的危机，其症状包括唐纳德·特朗普（Donald Trump）当选总统以及政治辩论的高度极化等。

在本书中，我讨论了摆脱当前社会和生态危机的必要条件。最首要的条件有赖于就此问题展开严肃研究，制订社会转型方案，不再把生态正义与社会正义这两大目标对立起来，而是让两者成为统一、共同的社会规划。要实现这个任务，社会科学和环境科学是最佳搭档，还需要对不同社会的得失进行比较分析，各个社会贫富不一，但都在面临不平等问题和生态制约的回归问题。这一全球性跨学科的调查研究构成了本书的主线。

巴黎，2021 年 5 月

引　言

减少不平等和保护环境之间维持着一种模棱两可的关系。总的来说，这两个目标相辅相成，但也可以相互对立——至少在话语中是如此。2017年特朗普上台之后，不正是以保护美国矿工为借口来为其退出《巴黎协定》的决定辩解吗？不管特朗普的真实动机是什么，"环境政策可能影响最贫穷群体"这一观点值得讨论、分析与解构，否则这种社会与环境之间所谓的对立将继续在公共辩论中甚嚣尘上。

位于可持续发展核心的社会正义

要想避免拆东墙补西墙，就必须更好地理解为什么减少不平等实际上是生态转型议程的核心。这对于认识当前的社会与环境政策需要何种转型至关重要。

经济学、政治学和流行病学的近期研究表明，如果不减少经济上的不平等，可持续发展的其他目标就很难实现：比如民主和社会的健康、经济的有效运行，以及环境保护。因此，今天我们在西方社会观察到的经济不平等程度（在大多数国家都在增加）不仅就其本身而言令人忧心忡忡，而且对于实现可持续发展的整体议程也是如此。

此外，环境破坏往往表现为一代人对下一代人的损害，但同时也会加剧一代人内部的社会不平等，强化业已存在的不平衡。举个例子，在美国或印度，每个人都暴露在化学污染的风险中，但大家暴露于其中的方式并非一模一样。环境与经济的不平等其实保持着一种恶性循环的关系。

事实上，北方国家和南方国家一样，[*]最富裕者总体上比最贫穷者更少受环境风险（污染、气候灾害、自然资源价格波动）的影响；此外，最贫穷者在面对这些风险时也更加脆弱，因为他们受到冲击时没有太多预防和重振的方法。2005年袭击新奥尔良的卡特里娜飓风为我们提供了悲剧的案例：富裕和不富裕的人面对环境风险的韧性天差地别。这些被称为环境不平等的不正义现象，联动地加强了社会经济的不平衡：由于污染造成的健康损害或由于生态灾难造成的生活场所破坏，加剧了最弱势人群的不稳定状态（précarité），并且以同样的方式，通过一

---

[*] "北方国家"和"南方国家"分别指代发达国家和发展中国家。

种可称为"环境贫困陷阱"的现象，又再次加剧了不平等。

在这个恶性循环之中，还叠加了一种关于环境破坏责任的不正义。与某些童话般理论的断言相反，我们并不能说人们一旦超过某个收入水平就可以因拥有足够财力而减少污染。除了罕见的例外，那些最富有者才拥有着更高的生态足迹。用研究人员在辩论中使用的概念来说，并没有一条所谓的"环境库兹涅茨曲线"——即污染水平先随着收入水平增长，但达到某一个收入门槛后就会下降，人们就奇迹般地开始保护环境。因此，社会-环境不正义是双重且不对称的：那些造成最多污染的人往往最少承受那些由他们造成的损害。

我们还要注意到，在做出未来环境决策之时，那些受环境退化影响最大的人却往往是最不被倾听的人，他们还是受那些并不直接为其考虑的政策影响最大的人。这就顺理成章地给那些诋毁环境政策的人提供了素材，无论对错，他们有时称这种政策为"布波政策"*。

但这一切不是早就为人所知并记录在案吗？好吧，并不是——一直远远不够！尽管我们开始逐渐意识到问题所在，但对于环境不平等和社会经济不平等之间的关联，仍然有很多有待公民、行动者、研究人员、议员和官员们学习的地方，在已

---

* "布波"（Bobo）是"布尔乔亚"与"波西米亚"两词的结合，被用来形容城市小资产阶级。

完成工业化的国家里尤其如此。公共辩论常常在进行到关于实施碳税这样的生态政策带来的潜在不平等影响时就戛然而止。诚然，这引出了值得被讨论的再分配问题，但其他基本关键问题仍然悬而未决，比如在面对气候变化冲击或水体、土地污染时个体间和地域间的不平等。我们是否知道建立一个自然保护区会造成财富不平等，也就是会让最富有群体的土地增值？我们应该发展怎样的交通基础设施或是能源产品，才能在保护环境的同时减少不平等？要深入理解环境不平等与社会经济不平等之间（通常很复杂）的互动，我们仍然极度缺乏数据与分析工具，有时还缺乏意愿或财务资源。但只是认识和理解这些问题并不足够，我们还需要用行动来对抗这些不正义。在行动层面，尤其是政治实践上，前路依然漫长。

迈向社会国家的蜕变

不论在工业化国家还是发展中国家，将社会正义重新纳入可持续发展（或生态转型）议程的核心，都需要一场社会与环境政策的变革。在公共辩论中，环境政策常常因其很少考虑最贫困群体而遭到抨击。这其实是个悖论，因为从长期来看，正是弱势人口从环境保护当中受益最多。然而就短期而言，如果社会正义政策未能纳入环境政策之中，那就确实有可能加剧某些不平等，甚至制造新的不平等。正因为如此，才会有某个污染行业的代表威胁说如果实施新环境政策就要裁减工作岗位，或者有农村地区议员对利好城镇人口的碳税表示抗议。那么到底应该如何看待这些抗议的呼声？关于社会保护和环境保护之间的紧张关系是否有解决办法？

本书所主张的核心论点是：我们完全可以调和这两个目标。然而这需要我们迈入社会国家*建构的新阶段，也就是说要组织起来共同承担社会风险（诸如失业、疾病或贫穷）。我们对此还需要再多加思量，以便将承担环境风险（暴露于污染之中、能源等自然资源的涨价，等等）的责任与传统的社会保护工具结合起来。我们应当沿着三条主轴齐头并进，它们不仅合情合理，而且充满可能：

首先，我们要采用针对环境不平等的新型衡量工具和制图工具：要解决问题，第一步是让这些不平等暴露在人们眼前，以便追踪其变化。如今，衡量进步的关键指标仍然是备受争议的国内生产总值，而我们的社会一直没有更好的方法来衡量与体现各种相互作用因素的多样性。在制作、传播和分享有关环境不平等的资料上，美国长期以来一直领先于许多欧洲国家，虽然美国政府于特朗普总统任内（第一任期）在这方面明显退步。

---

* 社会国家（État social），也称福利国家、社会福利国家。

显然，只有一个良好的衡量体系并不足够。政治实践和工具也必须转型，这是我们的第二条轴线。社会公共政策和环境公共政策之间的鸿沟有必要被打破，历史上这两者往往建立在公共行政部门的严格区分上（一方面是环境部门，另一方面是经济、财政或其他部门）。一些国家为我们指出了前进的道路：在瑞典，提供给低收入家庭的社会补助，会将那些被迫产生的能源支出也包含在内（例如老化或低效的暖气或隔热设备带来的费用，或是居住地远离工作地而产生的交通费用）。

我们要将传统社会政策（尤其是减少不平等）和环保目标相调和。减少不平等的方法很多，其中某些或多或少能够对环境有好处。世界上这方面的积极案例比比皆是，即使它们的可持续性并不总是能够得到保证。2012年澳大利亚实施的税务改革强化了所得税的累进性，同时也引入了碳税。这不仅有助于减少收入不平等，也能够防止温室气体排放的增长。而直到最近这段时间以前，印度尼西亚都还有四分之一的国家预算被用于补贴化石能源，这会对环境造成巨大破坏，却主要只对那些日常开车的城市中上阶层有利。印度尼西亚现在已经废止了这些补贴，并用节省下来的钱建立了一个旨在减少不平等的广泛社会保护体系：这标志着一个社会–生态国家的诞生。

最后是我们的第三条轴线：创造一种社会国家和地方之间合作的新形式。今天有些声音支持处在"转型"（en transition）中的城市或乡村通过本地社群来实现团结发展（欧洲最活跃的相关社会运动之一就叫"转型")。这有一定道理：一个特定空间里的环境问题往往有其特殊性（土地污染、街区住宅隔热不佳、缺乏公共交通等），为了尽可能站在居民立场上处理好这些问题，必须调动本地行动者的个体资源。然而仅仅依赖本地社群是十分危险的，这有可能重新制造出许多新的不平等形式，且难以招架未来几十年的巨大挑战。因此我们必须要将社会国家的力量与本地行动者（协会、村庄、大区）的工具箱结合起来。在欧洲、北美或其他地区，不同层级的行动者之间成功合作的案例并不罕见。

总体而言，这些社会和环境政策的演变能够使传统的社会国家发生蜕变。这种转型需要考虑到其他重大趋势：全球化、数字革命、新的民主需求——这些都使任务变得更加复杂。好消息是，转型已在许多国家以不同的节奏发生。如同我们在本书中所见，工业化国家和新兴国家都要从对方过去的错误中汲取教训，也要从对方目前的成功中学到方法——不论全球北方还是南方，都有成功的案例。当然，这样的公共政策蜕变需要一切相关行动者的大量努力。不论如何，所有迹象都表明，这种蜕变不仅合情合理，而且充满可能——因为它已经在路上。

第一部分　不可持续发展之中的经济不平等

第一章 经济不平等：不可持续的因素？

经济学家托马斯·皮凯蒂（Thomas Piketty）分析不平等动态的近千页著作《21世纪资本论》[1]在最近获得了成功——这代表了当代经济学辩论的转向。不平等的加剧已经进入政策讨论的核心。2013年，美国总统巴拉克·奥巴马（Barack Obama）宣称收入差距的扩大是"我们这个时代的决定性挑战"。一些此前并不以支持平等而为人所知的机构，也开始对发达国家和发展中国家日渐扩大的不平等程度发出警告，国际货币基金组织[2]、世界银行[3]、经济合作与发展组织（下文简称"经合组织"）[4]乃至会聚了最有权势者的达沃斯论坛都认为这是21世纪初资本主义的一个重大问题。

如同我们将在下文看到的，人们对导致这种不平等的原因莫衷一是，由此也导致对于回应此问题要采取何种方式同样莫衷一是。然而，减少不平等的必要性至少已经获得一致认可，这个结果与几年前已经截然不同。这个共识的一个（起码是表面上的）具体表现是在联合国可持续发展目标中制定了减少不平等的目标。联合国可持续发展目标在2015年秋季获得世界各国的承认，它旨在让人类能够在2030年享受环境友好型繁荣——没有什么比这更重要。

里约的惊喜

2012年，"里约＋20"峰会在里约热内卢召开，它的名字借用了20年前在巴西同城召开的联合国环境与发展大会，在各种其他事务之外，这次会议开启了世界气候大会的周期。它对20年来全球层面的发展与环境政策做出了总结。正是在这一背景下，联合国可持续发展目标应运而生，其目的是取代并汇集此前分离的两大政策目标：致力于与发展中国家极端贫困状况斗争的千年发展目标，以及其他多个国际环境议程。

联合国可持续发展目标从至少两大原因来看是具有创新性的。

一方面，它将过去20年基本被国际社会割裂的环境、经济、社会问题结合了起来。实际上，由于担心效率或无力协调解决问题，国际社会此前一面处理贸易问题（通过世界贸易组织），一面协调环境问题（通过气候变化大会），此外还通过千年发展目标处理贫困问题。而可持续发展目标本身并不局限于环境问题或减少极端贫困：其目标是在所有相关领域实现高水平繁荣。17项可持续发展目标各自被细分为十几项子目标，从保护生态系统到降低儿童死亡率、普及互联网、密集型城市建设，再到终结针对妇女的暴力。因此，这一清单范围极广，这既是优点也是弱点。

另一方面，可持续发展目标的创新在于它的普遍性。与千年发展目标只适用于发展中国家不同，可持续发展目标适用于所有国家：不论是工业化国家、新兴国家还是发展中国家，不论是大国还是小国。值得强调的是：富裕国家现在也开始略微低下他们高傲的头，并接受（或至少假装接受）各国有权利遵循各自的发展轨迹。因此，"历史的终结"，也就是美国政治学家弗朗西斯·福山（Francis Fukuyama）所预言的自由民主终极阶段[5]并没有到来：2012年出席里约会议的所有国家，包括西方民主国家，都承认我们距离真正的繁荣还有很多路要走。

美国社会科学学者戴维·勒布朗（David Le Blanc）[6]仔细地研究了可持续发展目标的官方文本来回答这一问题：在这一堆冗杂的问题中，核心目标是什么？他的研究成果表明，减少（财富、性别、权力与资源可及性的）不平等是这一体系的核心，并且是与其他所有目标关联程度最高的。从某种程度上来说，这是达成其他目标的催化剂。

"不平等"模块下的第一个子目标是到2030年时减少各国内

部的收入差距。因此减少经济不平等是可持续发展规划的核心，至少在这个21世纪初由各国一致认可的官方版本中是如此。具体地说，这是要确保最贫困的那40%人口的收入增长率高于平均水平。这不是一个完美无瑕的举措：有些人会把它看作贫困的指标（它局限于底层40%的人口），但它所关注的不平等问题实际上已经超出贫困问题本身。我们会在下文看到，不平等是"从顶部"开始剧烈增长的，并最终会压迫中产阶级。而这个指标并不足以清晰地反映这个问题。但它还是有其存在价值，尤其是当我们想到它所引发的政治斗争时：出于意识形态的原因，美国等国最初本无意将该指标加入可持续发展目标，而斯堪的纳维亚国家、法国和巴西则为其摇旗呐喊。[7]

在国家内部减少不平等，这个几年前还不存在于国际政治议程（也不存在于国内议程）的目标如今却已成为生态转型政策的核心，对于这一现象该如何解释？可持续发展和不平等之间有什么联系？要想回答这个问题，我们必须关注经济学、政治学、社会学、流行病学乃至生态学的诸多研究。几十年来的研究表明，现有的经济不平等程度让民主面临危机，让社会重病缠身，让经济遭受重创，让环境遍体鳞伤。

张力下的民主

社会正义的理想，现代国家的基石

不论民主与否，社会正义是大多数现代国家宣称的目标。法国宪法首条开宗明义地规定了法国是一个组织集体团结以保障社会权利平等的共和国。印度宪法中也有相似意涵。阿尔及利亚、俄罗斯、中国也将此置于它们宪法的核心。类似的国家不胜枚举。事实上，社会正义目标是现代世界的通行准则而非例外。[8]

当然，这并不意味着国家一定会遵守它们所制定的目标，不论独裁国家还是议会民主制国家都是如此。我们会在后文看到，不平等的增长几乎遍及了全世界。国家在保障社会正义和控制经济不平等方面的无能使我们不禁质疑其存在的理由。专制政体可以通过镇压或弄虚作假来藐视其承诺，但民主政体却没法长期玩弄这种把戏。

社会经济不平等与极端投票的倾向

关于2016年特朗普赢得美国大选与英国脱欧问题，相关论述已经很多。造成这些结果的决定性因素是什么？一些作者认为这些投票是基于客观社会经济指标（尤其是不平等加剧）

的表达，而另一些则认为移民潮背景下某些族群的失权感才是主因。[9]

各种研究在某种程度上调和了这两种看法。德国经济学家蒂莫·费策尔（Thiemo Fetzer）[10]在分析英国脱欧投票结果的根源时发现，在同等条件下，在紧缩政策导致预算削减最严重的地方，主张脱欧的极右翼政党英国独立党所获得的支持也最为有力。换句话说，在可支配收入和社会服务遭受严重影响的地方，仇外的倾向迅速攀升。麦肯锡研究机构关于几个西方国家的一份调查[11]显示，近几十年来收入停滞不前的人更有可能对移民持负面看法，并对民族主义政党持正面看法。诚然，相关关系不是因果关系，我们也不可能只通过经济因素来减少给极右翼投票或反对"体制"的倾向。在这个现代性倒退的时代，我们的社会所经历的"意义危机"（社会进步的理想遭到质疑、文化或宗教坐标瓦解）远远要比这更加深刻。但似乎显而易见的是，我们在美国或英国所观察到的不平等程度，让那些所谓进步主义政党的传统选民丧失动力，并为仇外思想的传播提供了温床。[12]

不平等与政治生活的极化

不平等也在损害民主政体的选举和议会机制的良好运转。经济学家朱莉娅·卡热（Julia Cagé）在她关于选举募款的著作《民主的价码》[13]中用数据揭示了西方民主国家（如美国、意大利）用于政治生活的公共资金已经暴跌，造成的结果是政党越来越依赖于私人捐款。然而选举活动私人募款的根本问题在于收入越多的人可以捐献的资金越多，这也就意味着他们青睐的候选人更有机会脱颖而出。因此"一人一票"的现代民主理想正在逐渐被"一美元一票"取代。

这种情况还会使政治和经济不平等的循环持续下去，并且让政治运作极化。三位美国政治学家在其合著的一部杰出著作[14]中指出，不平等程度越高，政治生活就越极化，而不平等也就越难减少。他们研究了近几十年来美国议员针对不同主题的投票，以及民意调查的演变，以便建构一个"政治辩论的极化指数"。这个指数有自身的局限性：建构它需要使用复杂的算法，这让其方法变得不那么透明。但它也有优势：可以让人们追踪一种趋势。三位作者指出政治极化在20世纪与收入不平等共同演变：1913年至1957年之间，政治极化随着不平等的减少而减弱，然后从20世纪70年代中叶以来急剧加重——这一现象被形容为"意识形态之舞"（danse de l'idéologie）。

作者在随后给出了解释：随着不平等的加剧，那些最富有者越来越没有客观理由去支持那些旨在减少不平等的政策（因为他们将会被征收越来越多的税），这导致美国共和党的立场逐渐右倾。三位学者也指出了20世纪70年代以来移民的角色：移民增加了不太关心政治或没有投票权的美国穷人的数量，因此支持再分配的政治压力就比反对再分配的压力来得小。

反之，经济与社会辩论的极化也阻滞了政治生活：随着极化加剧，能够通过投票的法案越来越少。最终，就如经济学家埃卢瓦·洛朗（Éloi Laurent）[15]强调的那样，极化阻碍了人们在环境政策或健康政策这些有时被认为是"跨党派"的议题上结成竞选联盟。

因不平等而"疾病缠身"的社会？

如今我们已经可以确定，收入水平是预期寿命的主要决定因素之一。世界卫生组织特别提出了"十大基本事实"来解释为什么最贫困者会拥有低于平均的健康水平。列表中罗列的因素包括了童年的艰难生活、持续终身的压力、最具风险的工作条件、社会互动程度低下，以及某些饮食原因。[16]然而我们也注意到这些情况本身并非不平等问题，而是贫困问题，所以似乎并没有必要去减少个体之间的收入差距，只需要致力于消灭贫困就够了。英国学者理查德·威尔金森（Richard Wilkinson）和凯特·皮克特（Kate Pickett）并不同意这个观点，作为流行病学家，他们指出：收入差距的影响也很显著。

2009年，当他们的第一部著作[17]面世之时，盎格鲁-撒克逊世界普遍认为最富有的群体在减少收入不平等方面并不存在客观的利益。威尔金森和皮克特推翻了这种论调，他们认为：

不平等并不只是一个道德问题；它并不只关乎最贫困群体，而是关乎全社会，不论贫富，不论个人是否有利他主义立场。他们首先证实：当对比不同的富裕国家时，最平等的国家也是社会福利得分最高的国家。他们发现在不平等程度和身心健康水平、教育、安全或社会流动性之间存在着强烈联系。在他们看来，这里存在着一个因果机制：这些数据是由个人的相对社会地位决定的。至于健康或学业成绩的问题，它们主要是由不平等社会中的压力导致的，并且这种压力作用于所有社会阶层。因此，如果只减少贫困而不去改变不平等现状的话，那就并不足以解决我们社会中存在的健康与社会问题。

这个论述很容易用图表（见图1）来呈现。该图将不同富裕国家的社会健康表现（涵盖生理健康、心理健康、婴儿死亡率、未成年怀孕、教育、犯罪、信任度与社会流动的综合指标）与不平等程度关联了起来。我们看到平等程度与这一指标所衡量的表现之间存在着紧密相关性。相反，当我们将一国平均收入与其社会健康表现进行对比，并未发现其中有任何关联。在富裕国家中，健康更多地取决于收入差距而不是平均收入水平。

显然，我们看待这些结果时必须保持必要的谨慎。请再次注意：相关关系不是因果关系，正如学生们在统计学导论课程上常常听到的那样。仅凭这份图表，我们不能断定这些弊病是由收入不平等引起的，也不能断定这些存在的问题能通过减少

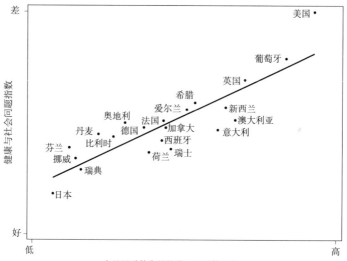

图1 不平等与健康和社会问题

来源： 威尔金森和皮克特（2013）
更多详情请参阅 www.lucaschancel.info/insoutenables

解读： 日本不平等程度最低，也拥有所有经合组织国家中最好的健康与社会福利表现。
美国则恰恰相反。

收入不平等迎刃而解。其他因素同样能够解释较高的不平等程度和社会健康的不良表现：一方面是对不平等容忍度更高的文化规范，另一方面是对某些疾病发展有利的环境。因此一个社会表现良好未必是不平等程度较低的结果，而可能是受到更深层次的文化、政治或地理因素的影响。另外还有一种可能性：社会的健康状况并不是结果，而是现有经济不平等程度的原因。[18]

其实威尔金森和皮克特的论述已经跳出了简单的相关性范畴，寻求提出一个理论来解释不平等与健康问题之间的因果关系。但是他们的尝试有一个缺点：他们依赖的资料大多数是国家或地区层面的。个体化的资料（不平等与健康在个人而非国家层面的交叉）能为他们的分析奠定更坚实的基础。在这个方面，使用个人资料的一些研究并未能够真正确认或反驳威尔金森和皮克特的论述。[19]尽管如此，它们还是为不平等和个人、社会健康之间的关联提供了一个强有力的解释，这值得我们严肃对待。

不平等、健康与焦虑

经济不平等通过什么来作用于个人的生理和心理健康？威尔金森等指出，在不平等程度更低的社会中，公共服务尤其是健康服务的质量更高，这理所当然地对所有人的健康都产生正面影响。但他们也强调了一个更隐晦因素的重要性：压力。并非所有压力都是负面的（在某种程度上甚至可能是正面的），然而，童年时期的压力或者持续终身承受的压力可以长期损害一个人的健康。流行病学研究表明：压力容易引发一些疾病，如肥胖、糖尿病、高血压或心血管疾病，它可以削弱免疫系统，减损生育能力，导致消化问题，引发认知功能下降或增加抑郁风险。[20]欧洲一份关于超过18 000名1958年出生的英国妇女人生历程的重要研究[21]表明：童年时期的压力与创伤经历将会增加之后人生中宫颈癌或乳腺癌的患病几率。

这种压力也可以由心理学家所称的"社会评价威胁"产生，社会越不平等，这种压力就越大。根据威尔金森和皮克特的说法，体制中产生的不正义会对社会底层的人施加压力，但同样也对上层的人施加压力，主要是因为他们需要将自己和家人维持在社会阶层的顶部。因此，不平等通过压力影响了整个社会的健康水平。

不平等、教育与地位压力

不平等也对学业成绩与学生的学习能力产生影响。一个家庭的收入水平很大程度上决定了一个孩子的在校表现、教育水平和未来收入。经济学家伊曼纽尔·赛斯（Emmanuel Saez）和拉吉·切蒂（Raj Chetty）[22]指出，在美国，父母收入越高，孩子入读大学的可能性越大：在最贫穷的10%的家庭当中，只有不到30%的孩子能够入读大学；而在最富有的10%的家庭中，孩子入读大学的比例接近90%。美国高等教育机构高昂的学费可以在部分程度上解释这一现象，而且与那些辩护者所言恰恰相反，奖学金制度显然没能普及大众。然而除了经济问题，有关研究还揭示了社会压力如何影响那些相对弱势的孩子的学业成绩，这种影响与一定的收入门槛无关。换句话说，仅仅保证最贫困人口能够进入初等教育是不够的：如果社会不平等在教育领域之外持续存在，教育领域内的不平等也将继续存在。

世界银行经济学家卡拉·霍夫（Karla Hoff）和普里扬卡·潘戴（Priyanka Pandey）进行的一项关于印度的研究[23]得出了惊人的结论。研究表明，如果要求学生在解答逻辑或数学问题之前必须公开表明自己的种姓，这将会与他们能否通过测试存在着紧密联系。乍一看，属于哪个种姓和掌握解题方法并没有任何关系：资料表明那些来自富裕和社会优势家庭的学生并不会在数学或其他学科上更强。所以呢？为了得出研究结论，研究人员观察了超过600名来自全印度农村的11岁至12岁男孩的行为，他们当中一半是高种姓，一半是低种姓。请注意，在印度，尽管基于种姓的歧视已在官方层面被废除，但这种歧视现象仍然是广泛存在的事实。

第一阶段，孩子们被要求解答简单的几何问题，既不表明自己的种姓，也不知道其他参与者的种姓。研究人员并没有观察到任何与种姓有关的差别。第二阶段，学生们在解题前必须在其他人面前说出自己的名字和所属种姓。研究人员观察到低种姓学生的表现显著下滑，然而高种姓学生的表现则没有受任何影响。这一结果表明，被提醒自己处于低社会阶层或者知道自己被别人视为地位低下者将会强烈影响我们的认知能力。

在美国，斯坦福大学研究人员克劳德·斯蒂尔（Claude Steele）和约书亚·阿伦森（Joshua Aronson）关于白人和非洲裔美国人学生的测试[24]也得出了类似的结论。他们要求一组青少年解答简单的问题，并且不告知这一练习的目的，最终他们并没有观察到与肤色有关的不同。然而，当明确告诉学生这一测试旨在评估他们的能力之后，非洲裔学生的成绩大幅下滑。这个研究显示了一种可被称为"地位压力"（stress de position）或"刻板印象威胁"（menace du stéréotype）的现象。类似的机制也可以解释一部分现存的男女不平等现象。

人类的这种被相对社会地位抑制或促进的倾向部分地是从生物演化中继承下来的，相似的表现也能在人类的动物近亲身上找到。加州的科学家迈克尔·罗利（Michael Raleigh）、迈克尔·麦圭尔（Michael McGuire）及其合著者[25]研究了与非洲长尾黑颚猴社会身份相关的生物化学机制。这些猴子过着群居生活，有一只占支配地位的雄猴与许多被支配的雄猴。研究人员主要关注支配者与被支配者的血清素（一种参与大脑中信息传播的神经递质）水平变化。

在猴群中，支配者的血清素水平高于其他雄猴。这种较高的数值部分程度上可以由其支配地位来解释：我们观察到，当猴王被隔离出猴群之后，其血清素水平就会下降。同时，另一只接替其支配地位的雄猴的血清素水平则会升高。而当被隔离的猴王重归猴群并恢复其支配地位，其血清素水平又会重新升高。相反，那只曾经接替他的雄猴重新成为被支配者，血清素水平也就又降低。如何解释这种变化？处于统治地位能够对机体产生积极的刺激，反之亦然。这一机制可能有助于赋予首领生理奖励，以稳定社会互动。这会使猴群在面对外部攻击时更具有防卫能力，也就更有演化优势。

在人类当中，一种类似的机制同样有助于维持社会不平等，尤其是通过促进支配者以及限制弱势者的学业能力发展。神经心理学研究进一步详细说明了地位压力和认知表现之间的联系[26]：一种激励性的和令人心安的环境让人感到自信，能够让人体释放奖励激素多巴胺，有助于提升记忆力、注意力和解决问题的能力。这种环境也会让人分泌血清素和肾上腺素，从而使我们的表现更胜一筹。相反，当我们处在长期压力之下，人体中将充满皮质醇，这将抑制我们的思维和记忆。当然，这些生物性机制与那些为服务社会上层利益而实施的纯社会性策略（比如教育系统的组织及其投资）相辅相成。皮埃尔·布尔迪厄（Pierre Bourdieu）关于学校中社会不平等再生产的著作[27]特别阐述了这个方面的理论。

不平等与经济表现

刚才我们已经了解到不平等影响了整体人口的健康状况，也影响了特定社会的教育水平。现在我们来关注不平等与经济增长之间的关系——或者更广义地说，不平等与经济良好运作之间的关系。

首先我们要关注一个在过去几十年中对不平等与经济增长

关系的思考产生了广泛影响的理论，这就是1955年提出的"库兹涅茨曲线"。库兹涅茨是白俄罗斯裔美国经济学家，于1971年获得诺贝尔经济学奖。[28]对他而言，一个国家的收入不平等在发展初期会加剧，然后趋于稳定，最后减少。这至少是他于19世纪末至20世纪中叶在美国、英国和德国观察到的现象。[29]库兹涅茨是这样具体解释这一现象的：当一个社会正在工业化的时候，一些人会从工业部门的急剧增长中获利，而另一些则不会——这就是不平等在一国发展初期增加的原因。这是这条"倒U"形曲线的第一部分。然而，由于工业吸收了越来越多的传统部门（农业、手工业）劳动者，不平等会逐渐减少。根据库兹涅茨的说法，工业部门对低收入劳动者更好，因为他们会更有能力组织起来捍卫薪资权益。整个社会的收入水平也就随着工业化而增长，其中的不平等则趋于减少。

然而，如同托马斯·皮凯蒂在《21世纪资本论》中所指出的那样，库兹涅茨曲线拥有严重的局限性。首先，库兹涅茨观察到的不平等减少远远不是一种机制性的结果，它产生于两次世界大战（摧毁了食利者的生产资料）、大萧条（导致了一批人的破产，减少了最富裕者的资本，有时甚至使其化为乌有）和在1915年至1950年创下历史纪录的通货膨胀（侵蚀了资产价值），在此之前物价保持几乎绝对稳定的状态已经长达一个世纪。

此后不平等的减少和停滞同样归因于战后的特殊政治环境，

那是在一个撕裂西方社会的悲剧后对于社会凝聚和团结达成历史性共识的时刻。因此，战争甫一结束，最高所得税税率就被提升到了西方历史的顶点。此外，在库兹涅茨之后人们所收集的资料揭示出，20世纪70年代末以后几乎所有国家的不平等都在增加，这再次证实了产生不平等的驱动力根本不是一种温和的经济机制，而是一种社会与政治力量的结果，它有时和平，有时更为暴力。

最后我们需要指出，库兹涅茨当初提出的问题并不是不平等如何影响经济增长，而是恰恰相反：一国不同的发展阶段如何影响国内的不平等程度。那么，这对关系的另一个方向会是怎么样的呢？

"良性的"不平等？

不平等对经济增长的影响长期以来都是一个争议不断的话题。对于经济学家阿瑟·奥肯（Arthur Okun）来说，收入差异可以激励企业家去创新或激励工人去劳动，减少不平等则会给经济带来净损失。他提出了一个"漏桶"的比喻：当人们通过公权力进行财富再分配的时候，有一部分财富会由于管理或行政成本而损耗。奥肯这样总结他的观点："我们做不到拥有一个蛋糕（也就是高效的市场）还去公平地分享它，必须要做出抉择。"[30]还有许多经济学家对不平等和经济增长之间的正面关系做出了论述，比如尼古拉斯·卡尔多（Nicolas Kaldor），他认为财富的不平等分配提升了经济体中的储蓄水平，[31]而足够的储蓄会使投资提升。根据这位宏观经济学家的说法，这将决定国家的经济增长率。[32]

理论上来说，在效率和平等之间是有可能存在一种平衡的，而相关政治辩论正是要在这两个目标间找到平衡的砝码。但长期以来人们认为减少不平等会对经济增长造成负面影响，越来越多的证据却显示事实并非如此。国际货币基金组织的研究人员最近指出，近30年来减少不平等的政策并未对经济增长产生影响，[33]在几乎所有案例中都不例外，这也就让"漏桶"理论不攻自破。并且现在许多研究都倾向于认为不平等实际上有害于经济增长。[34]下文的案例就将展示这些论述。

不平等降低劳动生产率

近期在几个文化大相径庭的国家中进行的当代经济学研究已经证实：收入不平等会影响劳动者的积极性，并且由此影响到劳动生产率和幸福感。研究人员阿兰·科恩（Alain Cohn）、恩斯特·费尔（Ernst Fehr）和贝内迪克特·赫尔曼（Benedikt Herrmann）进行了一项实验来衡量薪资不平等对工作努力程度的影响。[35]他们为此与一家瑞士企业合作，提供一项短期工作任务，即向路人推销能够免费进入夜店的促销卡。

在第一阶段，员工两人一组进行工作，都拿同样的工资。在第二阶段，一些人的工资被随机调整：这是为了人为制造收入不平等，然后观察这些调整对于推销卡片的影响（这种实验的伦理可能会受到质疑，但我们在此不介入这方面的讨论）。

在所有员工同工同酬的第一阶段，每个员工每天平均销售22张卡片。而在第二阶段，所有两人组都被分成三批。作为对照组的第一批表现不错：他们的工资并没有被调整。第二批最倒霉：所有人的工资都减了四分之一。在第三批当中，每个两人组中其中一人的工资减少了四分之一，而另一人则维持不变。员工们被上级告知他们的工资根据领导层的指令进行了调整，但并没有透露详情。

这一系列行为对生产率造成了巨大影响。第一批二人组（工资稳定）的销量在第二阶段增加了近10%：员工更加熟练，他们已经知道哪些技巧是好用的而哪些是行不通的。第二批二人组（两人的工资都降低）的销量减少了15%——这难以视而不见。第三批二人组当中的倒霉鬼（工资与同组同事相比降低）的销量比第一批低了超过30%，而他们"走运"的同组同事（工资稳定）的成绩则与对照组一样。

由此可见，不平等可能会给弱势者造成更多的生产力损失，但并不会给那些因不平等而享有优势的人带来更多的收益。在印度进行的一个类似实验[36]也得出了相近的结论，这表明了对不平等的反感是不分文化的。

另一个由加州大学伯克利分校的经济学家展开的同类研究[37]表明：工作满意度在部分程度上是由相对工资（而不是工资水

平）决定的。他们同时还强调，工资高于某岗位的参考水平并不会使工作满意度提高，如果低于参考水平却会对工作满意度产生负面影响。意识到自己的工资低于参考水平将会刺激人们去跳槽。这和有些人所想象的那个"不平等能刺激和鼓励人们工作"的世界相比，可谓大相径庭……

这些结论可能对于很多读者来说早就不言而喻。人们也可以因此对许多行为经济学研究做出批评：他们试图撞开一扇本就洞开的大门，费尽心思去推翻一些在非经济学家眼中从来就不成立的论点。然而，很多"不切实际"的前提条件（比如个人一定是理性的、个人不在乎不平等、个人是纯粹自私的）实际上仍然在经济学研究领域和某些决策者当中有着众多拥趸。正因如此，将此类经验主义研究引向心理学和经济学的交会点就尤为重要。

不平等阻碍知识发展

我们已在上文看到，不平等与最贫困人群较低的教育水平和健康水平相关（与最富裕人群较低的健康水平也有关）。这当然在道德上就存在问题，而从经济学的角度来看，这种状况也同样与经济增长的目标适得其反：受教育的学生越少，经济体中的年轻人也就越难进入劳动市场，劳动者掌握工作技能的程度就越低，公民创新能力也越弱。在一项关于经合组织国家的研究当中，经济学家费代里科·钦加诺（Federico Cingano）[38]

认为，收入差距引起的教育不平等能够很大程度上解释经济不平等对经济增长的影响。[39]诺贝尔经济学奖得主约瑟夫·斯蒂格利茨（Joseph Stiglitz）也提出了同样的结论，并证明这种情况能够自我维持[40]：财富差异有利于精英们在社会决策中掌握权力，尤其在公共或私人投资方面。在一个不平等的社会中，那些因经济收益而获得政治权力的人会支持那些服务于他们的短期利益却以损害整个社会的中期利益为代价的投资行为，比如教育、卫生医疗、高质量公共交通等。在斯蒂格利茨看来，对社会有益投资的衰减会阻碍个人行为能力的发展，从而阻碍经济增长。

不平等与金融危机

国际货币基金组织前首席经济学家拉古拉迈·拉詹（Raghuram Rajan）提出了另一个观点[41]。在他看来，美国的财富不平等分配是造成2008年金融危机爆发的多重因素之一，而金融危机又再次加剧了不平等。他的论述如下：在不平等的经济增长下，低收入者生活水平停滞不前，而最富有者的收入却仍然增长。为了维持消费（经济增长的驱动力之一），公权力鼓励低收入者借贷，并承诺房地产价值会持续上涨。在金字塔另一端，最富有群体则通过金融市场借出了那些他们花不掉的钱（在买过一艘游艇和三座别墅之后很难再有什么开销了……），这也就促进了房地产泡沫和全面虚假繁荣。然而，由于低收入家庭的支付能力一如既往（也就是很低），这种虚假繁荣不可能持久。

但是，这个论述无法推及历史上所有的经济危机，即使当时不平等程度低得多，那场次贷危机也仍然有可能爆发，因为美国金融体系的运作在当时毫无理性可言（顺带一提，其实现在也仍然如此）。然而还是应当指出，收入停滞和信贷刺激消费的组合曾经产生过爆炸性的灾难后果，而且在未来仍将延续。

被摧残的环境

环境品质也容易受到不平等的威胁。这是经济因素（不平等影响消费习惯）和政治因素（不平等使投票和实施环保措施更困难）共同作用的结果。许多近期研究表明减少不平等对于一个更好的环境来说必不可少，但我们将在第三部分看到这并非唾手可得：减少不平等的方法多种多样，它们对于环境的影响也各不相同。而设计出对环境影响最小的社会正义政策，将是未来几十年的重大挑战之一。但首先我们还是需要理解经济不平等通过什么方式加剧了污染。

"向邻居看齐"

作为社会动物，我们的行为常常被与他人攀比的倾向所驱使。英语世界有一个形容这种态度的表达："Keep up with the

Jones"——"向邻居看齐",如果可能,还要比邻居更好。

这种攀比的需求影响了我们的消费习惯。总的来说,当买了一堆衣服、一辆汽车或一间住宅时,我们在部分程度上是为了展示某种生活水平——常常是向我们的参照群体,也就是那些对我们重要的人展示。福楼拜塑造了从购物中获得幸福与虚荣幻象的包法利夫人这个人物形象,不正是强调了消费行为远不如它表现得那么"客观",反而充满了心理与社会功能吗?基于一个在美国进行的大型调查,以色列学者奥利·赫费茨(Ori Heffetz)指出:美国人越是富有,就越会把大部分预算投入社会能见度更高的资产。[42]

奥地利社会学家索尔斯坦·凡勃伦(Thorstein Veblen)*的研究能让我们更好地理解这一机制的动力。在出版于19世纪末的著作《有闲阶级论》(*Théorie de la classe de loisir*)[43]当中,他试图说明一个观点:每一个阶级都试图模仿更上层的阶级,并与更下层的阶级相区隔。通过消费,社会也就如同一场身份区隔的赛跑一般运作。这个关于消费的社会功能的观点,也可以在亚当·斯密一部不太知名的作品《道德情操论》(*Théorie des sentiments moraux*)当中找到,他在其中谈到了"识别需求"。类似概念在英国经济学家弗雷德·赫希(Fred Hirsch)和法国社会学家、哲学家让·鲍德里亚〔Jean Baudrillard,他运用了"差

---

* 原文如此。凡勃伦为挪威裔美国人,经济学家。

异化"（différenciation）这个概念］[44]的著作中也可以找到。市场营销的专家们更是对这种效应了如指掌，比如苹果公司在智能手机的推广中就会加以运用，消费者在获得苹果最新款产品之时，购买的并不只是一套更新、更出色的设备（至少广告宣传如此），而是为自己赋予了一种社会身份。

在凡勃伦看来，一个社会越不平等，人们就越需要消费可见的资产来让自己与一些人区分，并与另一些人相似。学者塞缪尔·鲍尔斯（Samuel Bowles）和朴永镇（Yongjin Park）指出，在最不平等的社会里，人们一年中需要花在工作上的时间也越多。[45]具体而言（根据20世纪90年代初的资料），如果美国和瑞典的不平等程度相当，美国人的工作时间将减少10%，这并非无足轻重。两位学者提出了"凡勃伦效应"来解释这个现象：在不平等背景下，人们需要工作更多才有能力企及那些他们所羡慕之人的生活方式。

这和环境又有什么关系呢？因为由模仿更富裕人群的欲望引导的消费，会导致污染的过度增长，所以这种动力对地球是有害的。如果最富裕人群的生活方式比其他人更不可持续，那么情况就会雪上加霜。然而，正如我们在本书第二部分所看到的，收入与污染水平是紧密关联。社会差异化的赛跑有很大一部分在于大排量、高污染的汽车，能耗高、占据土地更多的大型住宅，频繁的全球旅行等种种消费的累积，它们都会产生巨量二氧化碳排放，加剧人类对环境的影响。当然，最富裕的人群也消费更多的服务和低能耗资产（制造一件艺术品所需的能源比制造一辆汽车少得多），但与此同时他们拥有更多的汽车、住在更大的别墅中。

一场有偏见的政治辩论

我们在此前已经说到，经济不平等容易使政治辩论极化。事实上在美国，正是在环境政策的黑暗年代，政治辩论激进化了，[46]这与不平等上升期之前不同，美国环保局就是在这之前（于1970年）成立的。过去的这几年给我们提供了一个灰暗的注脚。2017年6月，特朗普兑现其竞选承诺，宣布退出巴黎气候协定，理由是巴黎气候协定"将会对美国劳工和国家能源安全有害"。不论他的这些动机是否真实，他都在运用社会正义（保护劳工）的论点来为其决策辩护。

这个论点能否为人接受？显而易见，保护环境要求我们逐渐放弃煤炭，因此会造成该部门的工人下岗再就业。然而煤炭产业只不过占据美国劳动力人口的0.05%而已，这使得我们可以进行有针对性的精准补偿，而这对于其他劳动力人口来说也是相对无痛的。诚然，在那些亲特朗普并且过去煤矿业地位重要的摇摆州，比如西弗吉尼亚州，在煤矿工作的人口可达2.5%，并且这个数字之外还应加上劳工们的亲属，他们都会受到矿业衰退的影响。然而，我们完全有可能在保护工人而非保护污染部门岗位的情况下实现渐进转型——我们将在第三部分讨论这一点。

我们将在后续章节看到，低收入的美国劳动者现在是并且未来也将是他们国家气候变化首当其冲的受害者。然而，在美国社会底层工人薪资停滞不前的背景下，以及由于进步主义政党无法针对环境政策的社会效益提出令人信服的话语，特朗普的激进决策无疑成了他的加分项。不过在煤矿州，他的胜利是以牺牲环境和所有人的健康为代价的。

这种看待问题的模式总体而言非常典型，并不是特朗普这个政治怪物独有的。在法国，"黄背心"运动爆发的十年之前，右翼政府就试图对家庭和企业的二氧化碳消费征税，于是一部分左翼反对派就起来反抗这项"反社会"的措施，因为它对低收入者和乡村家庭的影响比对其他人更大，而这些人拥有的交通出行方式很有限，并且很难去适应更高的能源开支——这与住在城市中心的那些每周都搭乘公共交通出行，只有在周末才需要给汽车加满油的"布波族"有着天壤之别。

"碳税造成不平等"这个观点总是能一石激起千层浪，最终使整个计划失败。[47]许多碳税的反对者也把这个论点当作挡箭牌，尽管他们实际上根本不关心平等问题，但这种政治场景还是很好地展示了一个环境政策是如何撞上了社会和地区不平等的南墙。

与之相反的是像瑞典或挪威这样的北欧国家，作为碳税的先锋以及低不平等程度的纪录保持者，它们在20世纪90年代初进行环境立法时从多党共识的政治文化中受益匪浅。更广泛而言，一些研究强调了高度社会凝聚力对于在小型社会中管理环境资源的重要性，就像诺贝尔经济学奖得主埃莉诺·奥斯特罗姆（Elinor Ostrom）[48]指出的那样。

在最近42项关于不平等与环境品质联系的经验性研究中，15项指出不平等损害环境品质，9项得出相反结论，7项则认为这要取决于收入水平（比如不平等对穷国的环境没有影响，但对富国的环境有影响），另外11项则没有发现这两者有统计学上的联系。我们能从这些元分析*中知道什么？要小心：不平等容易使环境保护趋于困难，但减少不平等并不会自动改善环境。对这个领域的进一步研究必不可少，而值得欣慰的是它正在不断取得进展。[49]针对减少经济不平等的需要，各种各样的行动者（首先是社会活动家，还有执政者、企业主、非政府组织、国际机构等）之间已达成了历史性的共识。之所以能够达成共识，一部分是因为越来越多的证据表明经济不平等并不只是自身有问题，还影响了可持续发展的所有层面：民主、健康、经济、环境。但这项共识还取决于关于不平等的新数据得到何种程度公布和传播。

---

* 一种对以往的实证研究结果进行归纳和总结的统计方法。

第二章　经济不平等：趋势与原因

富裕国家和许多新兴国家的不平等程度在历史上经历下降之后，如今正呈现升高趋势，这已是广泛的共识。但哪些详细的变化和数量级是我们需要知道的？我们要如何解释公开讨论中出现的各种数据资料？请注意，衡量不平等程度不仅是科学和知识事务，也是政治和行政事务。我们观察到的趋势取决于我们选择什么样的衡量指标（是分析顶层1%？还是底层50%？还是其他指标？），以及我们能够调动的潜在数据的质量。

不平等怎样加剧？

收入不平等在（几乎）所有国家中加剧

基尼系数是一种衡量不平等的指标，当它为0时，整个社会处于完美的平等状态，当它为100%时则意味着一个个体掌握了社会的所有可用资源。我们暂且先关注收入不平等问题：20世纪初以来，各个国家的基尼系数从未降至20%以下，最高值则为65%。

基尼系数的变化表明在过去30年中，几乎所有发达国家的收入不平等都在加剧，美国和那些在20世纪80年代初不平等程度较低的国家（北欧国家）的增幅尤其显著。有一些国家则成功控制了这种趋势：比如比利时、法国和荷兰30年以来做得比它们的大部分欧洲邻国要更好——尽管它们的收入不平等和财富不平等几十年来也一直在增加。

我们来详细说说基尼系数。与其他衡量不平等的手段相比，这个指标有一个优势：它拥有全景式的视野。它提供了整个社会的不平等演变状况，或者更具体地说，提供了整体收入分配不平等程度的大致信息。但它模糊了社会阶层顶部与底部的变化：由于其设计，这个指标对于社会金字塔底部与顶部不平等的加剧不够敏锐。此外，它也掩盖了一些重要的变化，比如中产阶级的衰落。

我们来举个例子：1980年全球基尼系数是65%，2003年上升到68%，如今又回落到65%。我们似乎可以就此认为全世界不平等程度在这期间停滞不变。然而，图2向我们明确展示，在表面稳定的背后，一种重要的动态正在发生：我们看到虽然顶层10%的人群也在衰落，但与中产阶级相比仍然在上升，而处于底层50%的人与中产阶级的差距趋于缩小。基尼系数并不能

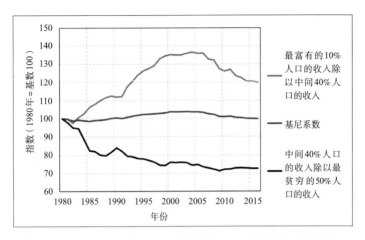

**图2 1980 年至 2016 年全球收入不平等变化，在不平等的表面稳定背后，
中产阶级正在衰落**

来源：WID.world

更多详情请参阅 www.lucaschancel.info/insoutenables

解读：1980 年至 2016 年，世界上最富有的 10% 人口与中间 40% 人口的平均收入之比增
加了 20 个百分点。同一期间，中间 40% 人口和最贫穷的 50% 人口的平均收入之
比下降了 27 个百分点。2015 年的基尼系数为 1980 年的水平，即 65%。

让我们很好地掌握这个信息。

问题还不止于此，除了基尼系数的局限性以外，国际机构
通常用于衡量不平等的数据资料也存在固有局限性。为了追踪
收入和资产的变化，这些机构在原则上使用逐户调查的方式（有
时也用电话或网络）。在缺乏其他有效资源的条件下，这种方法
确实是特别有效的，但也存在不足：调查那些非常富有的人会
比较困难，因为他们人数太少，也常常低估自己的收入与财富，

而且他们还得愿意配合回答问题才行。另外，这些调查往往也很难在不同国家和不同时期之间进行比较，因为追踪的方法和各自对收入与财富的定义五花八门。

为了提供更可靠、可比较的关于不平等的资料，一群经济学家创立了WID.world，这是一个能够自由访问的数据库，提供全世界收入与资产不平等的历史数据资料。

WID.world因其自身的统计方式而区别于其他衡量工具：它使用系统性处理的税务数据，并与其他资料来源（调查问卷与国民经济账户）结合。这套模式是前述库兹涅茨的工作的延续，并且也在过去15年中被经济学家托马斯·皮凯蒂、安东尼·B.阿特金森（Anthony B. Atkinson）、伊曼纽尔·赛斯和法昆多·阿尔瓦列多（Facundo Alvaredo）在研究中使用。

2011年，这些经济学家创建了世界顶层收入数据库（World Top Income Database），此后财富不平等专家加布里埃尔·祖克曼（Gabriel Zucman）也加入其中。2015年，我也有幸加盟该计划，如今担任该计划的联合主管。2017年，我们将此数据库改名为世界不平等数据库（World Inequality Database，即WID.world），因为它现在旨在将关于资产不平等的系列数据包罗在内，覆盖整体收入分配状况（而不只是顶层部分），更多地考虑发展中国家，也拓展到社会性别不平等方面，并且逐渐再延伸到环境不正义。WID.world会集了来自五大洲的100多名研究人员，研究领域覆盖了100多个国家。

当我们把WID.world的数据和官方的家庭调查比对之时，可以明显看出后者极大地低估了收入阶层顶端的不平等程度。按照他们的说法，最富有的1%的欧洲人平均每月收入18 000欧元。然而在使用更精确的高收入数据之后，我们发现他们的平均月收入实际上可达28 000欧元，两者之间的误差超过了50%。对于其他富裕国家，结果也大同小异——在新兴国家的案例当中这个误差还要更大。所以当我们讨论不平等问题时，永远有必要去想想我们要用哪种指标、我们在谈哪种数据。

高收入的爆炸式增长

一切不平等指标的运用都基于特定社会中的某种社会正义观，这被称为"社会效用函数"（fonction d'utilité sociale）。为了借助基尼系数来比较不同的国家，必须要进行一系列与该指标数学属性相关的规范化选择，它们就代表了社会效用函数。然而这些选择实际上相当隐晦。根据英国经济学家安东尼·B.阿特金森的观点，基尼系数的社会效用函数并没有反映出普遍认可的正义标准。[50]

追踪不平等演变的一个简单而有效的方法就是观察分配给不同收入群体的收入（或财富）份额，比如最富有的10%或1%人口，中间的40%或最贫穷的50%人口。当我们研究这些不同群体收入蛋糕份额的变化时，社会效用函数的概念比基尼系数有着更清晰的优势。如果一个社会中最富有群体（顶层10%或

1%的人口）占据的收入份额增加，而较贫穷群体（底层50%或中间40%的人口）占据的收入份额减少，这便是一个公认越来越不平等的社会。

然而仅有一个"明确"的指标是不够的，必须要把它与可靠的信息结合。我们可以通过税务数据获得收入和资产变化的精确信息。与调查不同，这显示的是个人向政府机构正式申报的内容。那些特别富有的人如果想在此隐匿他们的收入就只能冒着税务欺诈的风险，所以这在很大程度上避免了那些不真实的调查回答。[51]尽管富有的逃税者千方百计地利用税务偷逃或优化机制（WID.world尽可能将这些机制囊括在内，这尤其得益于巴拿马文件披露的信息），但关键在于这些数据还是比各个国际组织至今仍在使用的标准更为可靠。

下面我们来看看WID.world的数据说明了什么。如前文所述，它以透明和系统的方式结合了税务资料、调查问卷、国民经济账户，有可能的话还包括逃税资料（见图3）。

所有信息都显示出自20世纪70年代以来大多数国家的不平等都在增加，但速度各不相同。俄罗斯是其中一个极端的例子。1980年该国还是图表中所有地区里最平等的一个，最富有的10%的人口，其所占的收入份额接近20%（也就是说这群人的人均收入是该国人均收入的两倍）。而在短短五年之中，该国已经成了最不平等的国家：最富有的10%的人口，其所占份额超过了45%（该群体的人均收入是全国人均收入的4.5倍）。相

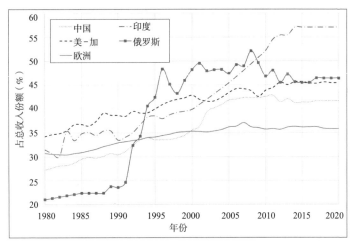

**图3　1980年至2020年中国、欧洲、印度、美国－加拿大、
俄罗斯国民收入前10%的人口，其收入占总收入的份额**

注：国民收入是按每个成年人纳税之前、社会转移支付（失业保险和退休金）后的口
　　径统计的。

来源：WID.world

　　　　更多详情请参阅 www.lucaschancel.info/insoutenables

解读：1991年，俄罗斯最富有的10%的人口，其收入占了该国总收入的25%，而1996
　　　年，这一份额已经接近48%。

较之下，北美的轨迹明显要更温和，但其增长同样令人震惊。
在美国，最富有的10%的人口，其收入在1980年占总收入的份
额不到35%，如今却超过了45%。印度也一样，1980年它的收
入不平等程度还相对较弱（最富有的10%的人口，其收入占了
约30%的总收入），而现在却已经达到了一个极高的程度（超过
55%）。在中国，不平等曾经在一段时间内增长，但到2000年以

后已经稳定下来。在欧洲，收入不平等的增长则明显慢于世界其他地区（从1980年至今，最富有的10%的人口，其收入份额从30%涨到36%）。

即使是富裕国家，我们在图3中将其分为两组（美－加和欧洲），也能观察到显著的差异。盎格鲁－撒克逊国家中不平等的增长（见图4a）比欧洲大陆大国（见图4b）要更为明显。在

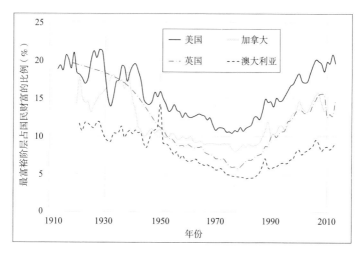

图4a　1915年至2015年美国、英国、加拿大、澳大利亚最富有的1%的人口，其收入在国民收入中所占份额

注：以每位成人或每个纳税家庭统计，收入是缴纳所得税和遗产税之前、社会转移（失业保险和退休金）之后的数额。

来源：WID.world

更多详情请参阅www.lucaschancel.info/insoutenables

解读：在美国，2014年最富有的1%的人口（最高百分位数）分得了国民总收入的20%。

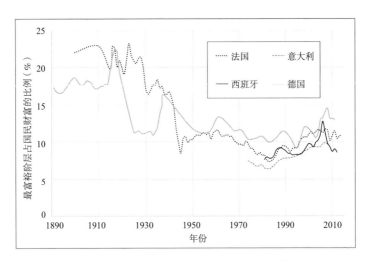

图4b　1900年至2015年欧洲大陆最富有的1%的人口，其收入在国民收入中所占份额

注：以每位成人或每个纳税家庭统计，收入是缴纳所得税和遗产税之前、社会转移（失业保险和退休金）之后的数额。

来源：WID.world

更多详情请参阅www.lucaschancel.info/insoutenables

解读：在法国，1900年最富有的1%的人口（最高百分位数）分得了国民总收入的约22%。

盎格鲁－撒克逊国家，最富有的1%的人口，其所占的收入份额从20世纪10年代10%至20%的水平降到了1980年的5%至10%，但今天又重新涨回到了10%至20%。美国的情况更加极端：最富有的1%的人口，其收入份额在1910年约为20%，这一比例在1980年降到了10%，现在却又上升到接近20%。然而最贫穷的50%的人口，其所占的收入份额则在近期急剧下跌，从1980年的20%降到今天的接近10%。[52] 在法国和德国，最富有的1%的人口，其收入份额从20世纪初的大约20%降到1980年的7%至10%，如今又涨到大约10%至13%。不同的是，欧洲最贫穷的50%的人口，其收入份额降得明显比美国要少：在法国，1980年至2020年间这一比例差不多保持稳定（从23%降到22%），德国同期则降得稍明显一些（从23%到19%）。

图4a和4b展示了一个重要的问题：在长期历史视角下，对于全世界大部分人口来说，20世纪70年代末和20世纪80年代初是一个不平等程度很低的时期。一个收入和财产平衡的时代开启自两次世界大战之间，并曾经存在于千差万别的政治体制之中（欧洲和美国的混合经济，中国和俄罗斯的共产主义或社会主义，印度的高度管制经济），但20世纪80年代初的新自由主义转向则标志了这个时代的结束。用经济史学家卡尔·波兰尼的说法，我们可以将这个时代看作是市场（以或多或少暴力方式）的"嵌入"。[53]

世界其他地方又发生了什么？目前我们还未讨论到以下三个地区：非洲、巴西和中东。过去几十年里，它们的不平等程度相对稳定，但收入的集中程度也相当惊人。最富有的10%的人口坐拥55%乃至更多的收入。[54] 这些国家并未真正经历20世纪上半叶不平等减少的历史阶段，如今它们在某种程度上构成了人类社会所能企及的不平等程度上限。那么那些曾经经历低不平等程度的地区是否一定会回到这种极端的水平？我们来看

1980年以来所观察到的各国差异：这些差异告诉我们，经济不平等的爆炸式增长并不存在绝对的决定论，它更主要还是政策选择的结果。

公共财富的衰减与私人财富的爆炸

过去几十年常被忽视的一个重要经济现象是：在私人财富急剧增长的情况下，公共财富却在衰减。一个国家的财富，或更确切地说，一个国家的资产［patrimoine，或资本（capital），这两个词可互换使用］是由该国所有非金融资产（基础设施、房地产、矿产）和金融资产（股份、外汇），扣除对其他国家的负债后构成的。根据定义，国民资产分为公共资产和私人资产（见图5），我们可以用国民收入的百分比来表示。比如1970年英国私人资产等于国民收入的300%，这意味着英国人当时可以连续三年不工作还继续维持原有的生活水平，但三年之后他们就不再有可出售的资本，因此必须重新开始工作。

在富裕国家，公共资产的价值则从20世纪70年代末占国民收入的70%左右降到了今天的0%，在英美等国甚至低于0%。这一现象归结于公共资产向私人领域转移（企业私有化）以及债务的增长。这里我们要想一下公共净资产为负意味着什么，毕竟这种现象非常特殊并且在历史上通常并不持久。在这种情况下，一个国家的公权力试图变卖其所有资产（医院、公路、学校、股份等）来偿还债务，甚至可能连这样都还不清。

另外，该国公民将必须向一切基础设施的新所有者支付租金，因为一切财富都将绝对私有化。从各个方面看，这都不会是什么好事。

此外，富裕国家过去几十年间的私人资产获得了可观的增长，从占国民收入的300%增长到了600%，房地产泡沫及其（在日本和西班牙的）破裂或者2008年的金融危机似乎并没有对这个长期趋势造成影响。

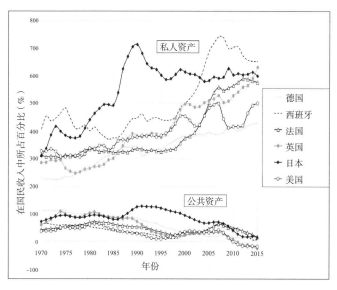

图5　国民的富裕与国家的贫穷

来源：WID.world
　　　更多详情请参阅 www.lucaschancel.info/insoutenables

解读：1970年英国私人资产大约是国民收入的300%，2015年已经超过600%。

这种私人资产的增长加上公共资产的减少对个人之间的不平等造成了重要后果。一方面，国家公共资产的薄弱使得抑制不平等的政策变得难上加难，无论是投资教育、健康领域或有助于预防不平等新形式的生态转型政策（后文会详述）；另一方面，私人资产的增长往往与个体资产不平等的增长相关联，因为资产比收入更加集中，并且资产水平越高积累越快。

资产不平等：比收入不平等更严重

收入不平等加剧再加上国民资本中私人资产的比重增加，导致了20世纪80年代以来全球资产不平等的历史性增长（见图6）。但这一增长的节奏仍然各不相同。20世纪初，最富有的1%的美国人占有45%至50%的资产，在70年代初这一比例跌到25%以下，然后又回升到接近40%。在20世纪初，法国和英国的这一比重要明显高于美国：法国接近60%，海峡对岸的英国是70%。20世纪30年代罗斯福实施新政，部分原因就是不想让美国的财富不平等程度达到战前欧洲社会的高度。只是在此之后，情况在欧洲和美国之间互换了。在法国和英国，最富有的1%人口，其资产份额在20世纪70年代降到了接近15%，之后回升到20%。而在中国，实施市场经济并且对部分资产进行私有化的过程对个人资产不平等的加剧产生了显著的影响：20世纪90年代初，最富有的1%人口占据15%的资产，如今则已经接近30%。

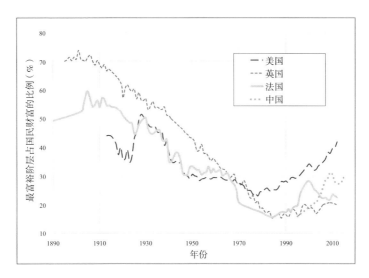

图6　1890年至2015年中国、法国、美国、英国最富有的1%的人口，其资产占国民资产的份额

注：以每个成年人的个人净资产统计，对于中国、美国和法国，夫妻共同资产在两者之间平分计算。

来源：WID.world

更多详情请参阅www.lucaschancel.info/insoutenables

　　我们掌握的资产数据不如收入数据多，在发展中国家和新兴国家更少，但各种现有资料都显示出近期加剧的不平等状况。[55]因此，不论从资产还是收入的角度看，如果说21世纪的不平等还没有回到19世纪的极端程度（如美国的收入集中度），那它也已经在朝这个方向发展了。到底是什么原因造成了这种历史性的不平等回归？

错在创新？

我们在此不会对经济不平等的原因进行详细分析[56]：我们将只介绍相关讨论的要点，对它们进行提炼和组织。充分理解不平等产生的因素（以及对它的回应）对于本书接下来的部分非常必要。

对一些经济学家而言，工作收入的不平等可以归因于技术变革与教育之间的赛跑[57]：近30年来改变全球的科技创新对个人的学习水平提出了更高的要求。低学历者的教育程度如果不提升，供求关系就会使高学历者的薪资上涨。因此高学历者也就能从技术革命带来的生产力成果中比别人多分一杯羹。[58]

这种解释的优点是强调了个人资质水平以及社会演变的科技背景的重要性，并以此来认识社会的不平等特征：在美国和许多欧洲国家，失业者缺乏技能培训、许多青年失学，此类现象能为工作收入不平等提供一种解释。但当我们需要理解社会阶层顶端不平等的近期变化，以及各个国家之间的差别之时，这种解释就遇到了瓶颈。

一方面，过去30年来几乎所有富裕国家都同样经历了新科技的普及，但它们的收入不平等变化轨迹明显不同。另一方面，在最富有的10%的人口当中我们发现虽然有些人的技能资质和文凭非常近似，但过去几十年来他们的收入变化仍然相当不同。实际上，与剩下的9%相比，最富有的1%的人口，其收入变化原理就难以用其资质的提升来自圆其说。[59]

当然，这不意味着对教育的平等投入不是减少经济不平等的一种良策，事实恰好相反，尤其是在社会阶层底部。这也不意味着如果我们不控制或监管科技创新，它们不会在未来对不平等的演变造成重大后果。科技创新有着制造不平等的真实潜力。然而在过去几十年中，仅凭创新和教育竞赛还是无法解释20世纪80年代以来某些国家金字塔顶端不平等的爆炸性增长。

在一篇名为《为百分之一辩护》的争议性文章中，美国经济学家N.格里高利·曼昆（N. Gregory Mankiw）提出了更夸张的观点。[60]据他所说，富有的人不仅受教育程度更高，而且本质上就是比其他人更有才能。如果是这样，那么如何解释近30年来不平等在某些国家显著增长，在另一些国家却没有呢？是不是在盎格鲁-撒克逊国家里富人的才能要"本质上"成倍地多于其他人，而在其他国家却不是这样呢？德国大型企业老板的薪酬仅是他们的美国同行的一半，[61]但从各自企业的业绩来看，似乎不能就此断言德国的老板不如美国的有才能。"本质才能"的论调在这里更像是对一种现状进行辩解的尝试，而不是对其动力做出的科学解释。

贸易全球化的影响?

另一种经常被提出的解释认为贸易全球化的影响导致了不平等的加剧。[62]鉴于1947年的《关税及贸易总协定》和之后20世纪90年代的世界贸易组织框架,商贸往来的大门被打开,非技术工人开始需要与发展中国家和新兴国家的工人相互竞争。

事实上,发达国家中不平等的加剧早在70多年前就已经被最重要的国际贸易理论之一预言和解释:那就是以两位提出者命名的"施托尔珀–萨缪尔森定理"(le théorème « Stolper-Samuelson »)。贸易边境的开放导致南方国家对非技术工人的需求激增(在那里他们的数量被认为非常"充足"),北方国家对技术工人的需求也相对增强(原因同上),从而导致了富裕国家的不平等加剧和贫困国家的不平等减少。[63]

施托尔珀和萨缪尔森之后的许多国际贸易研究都试图解释为什么他们的预言出现了偏差,因为贸易并未在富裕北方国家的技术工人和贫困南方国家的非技术工人之间进行,反而是在北方和北方之间进行。此外,长期以来大多数经济学家都认为这一模型所预言的贸易负面影响对于工业化国家十分有限,甚至根本不存在,这主要是因为贸易开放让最贫困的人口买到更便宜的商品,等于提高了他们的购买力。

也是如此，保罗·克鲁格曼（Paul Krugman）在1994年出版他的国际贸易题材代表作[64]仅仅15年后就来了个大转变，声称他此前的研究并未全面考虑问题——而他都已经靠这些研究拿了诺贝尔奖，简直是造化弄人。在他看来这项研究必须要根据不平等演变的新资料做出重新解读。[65]由于20世纪90年代以来，来自新兴国家的产品渗透率极高，贸易全球化确实可以是解释工业化国家不平等加剧的备选原因之一。但是，和新科技的情况一样，富裕国家们在国际贸易开放的速度和比例方面都基本相同，然而不平等的演变却遵循不同的轨迹。中国的产品在欧盟和在美国的渗透率差距不大，但两者不平等程度的演变轨迹却大相径庭。总体而言，贸易全球化或许可以在部分程度上解释不平等加剧的总趋势，尤其是通过低薪工人的国际竞争，但它无法解释各国不平等演变轨迹的巨大差距。

金融全球化的影响？

全球化的另一个层面是资金的流动，这可以为收入分配顶端不平等的加剧提供一个相对具有说服力的解释。资本市场的开放具有多重影响。一方面，自由化因其产生的规模经济而扩大了其体量和收益（很多交易成本随着业务量扩大而消失，投资金额带来的收益也就更大），而这一成果通过工资或其他多种形式被再分配给该领域的少数员工，因此有时会出现惊人的高薪。[66] 另一方面，金融自由化提高了资产收益。从过往的经验我们可以看到，初始资产越高，30年来获得的收益就越大。资本和收入集中化的雪球效应也就这样产生了。[67]

瑞典经济学家尤利娅·滕达尔（Julia Tanndal）和丹尼尔·瓦尔登斯特伦（Daniel Waldenström）最近做出的研究[68] 显示了日本和英国顶层不平等加剧和放松金融管制之间的联系。两个国家的管制是突然放松的，相比于那些逐渐放松的地方，其后果更容易为人所了解，因为在逐渐放松的过程中其他因素也在同时变化，其影响也就难以确定。该研究表明，金融自由化可以解释为何其后十年间最富有的1%的人口，其占有的收入份额上涨了15%。这绝非无足轻重，但问题仍然是它无法解释一切：两位学者估计，就算没有金融自由化，最富有的1%的人口，其占有的收入份额也仍然会上升45%。因此，一定还有其他的强大力量正在起作用。

讨论这些其他力量之前，我们在这里先讲一个关于金融自由化起源的有趣或至少是令人惊讶的冷知识：关于金融自由化的"华盛顿共识"（le consensus de Washington）[69]，虽然称呼如此，但实际上发端于法国巴黎，并且还是在左翼总统弗朗索瓦·密特朗（François Mitterrand）执政时期。据哈佛大学社会学家艾儒蔚（Rawi Abdelal）的说法，[70] 密特朗希望促进中产阶级萌芽因而首先设想了资本流动的自由化。然而就如我们刚才看到的，几十年来金融资产的增长却让社会金字塔顶端的人获益匪浅。在欧洲，与金融资产相比，不动产（住房）才是让中产阶级获得收益、并让他们与最富有阶层不至于差距太大的资产。事实上中产阶级的资产主要就是由房地产构成，这与最富有阶层的资产构成完全不同。也正因为如此，在法国和英国，房地产价格的上涨曾经对中产阶级的资产有利。但反过来说，这种动力对没有或几乎没有资产的底层阶级恰恰又是有害的。总而言之，不论人们想要借金融自由化达到什么目标，它在一个国家中都是创造而非减少不平等的力量。

社会国家的衰弱？

过去30年来社会国家的衰弱（税收政策、劳工保护、促进税收公平分配的公共服务等）是解释收入与财富不平等加剧的一个决定性因素。

这里我们要区分一下"预分配"和"再分配"这两种机制。预分配机制能够减少由市场导致的不平等，例如最低工资；而再分配机制则是纠正那些已经由经济市场导致的不平等分配。[71]在不平等加剧的地区，预分配机制已经被弱化，美国联邦最低工资就是一大明证。美国联邦最低工资的峰值出现在1968年（相当于今天的每小时11.8美元），足足比现行最低工资（每小时7.25美元）要高60%！[72] 它的降低可以通过许多维度来解释，尤其是因为工会的力量与雇主集团相比趋于衰弱。而法国作为那些不平等增长相对较缓的富国之一，情况恰恰相反。每小时最低工资在法国大幅上涨，在将通货膨胀纳入考虑的情况下，已经从1968年的2.5欧元涨到2018年的税前9.9欧元。德国和英国最近也已经确立了最低工资保障，同样与美国的趋势相反。

国际货币基金组织的研究人员弗洛朗丝·若穆耶（Florence Jaumotte）和卡罗琳娜·奥索尔诺－布伊特龙（Carolina Osorio-Buitron）通过研究1980年以来20个工业化国家中不平等与工会参与率的演变来总结了这一现象。[73] 她们指出工会参与率的下降能够解释最富有的10%的人口，其收入份额增长的40%。她们同时还认为工会的衰弱也与再分配的减少有关。

再分配机制（税收与社会转移支付）所扮演的角色举足轻重：在20世纪90年代，它让经合组织国家中的不平等减少了一半，而如今依然能够平均减少30%。[74] 换句话说，在其他条件相同的情况下，如果没有这30年来的再分配水平，现在的不平等程度还会再高出40%。

在再分配机制之中，我们要区分社会转移支付（或社会福利）和税收。前者是指公权力以现金（如住房补贴）或实物（如公共交通免票）的形式向个人和家庭进行的支付，而后者可以是累进的或是累退的。

如今在大多数工业化国家里，社会转移支付对减少可支配收入不平等的贡献比税收更大。[75]然而在20世纪90年代末至21世纪10年代之前，转移支付的累进性已经减弱。至于税收的累进性，具体而言是所得税的累进性，对最富有个人实施的边际税率（对超过某一数额的收入征收的税率）在过去30年间已经显著降低：在经合组织国家中，它从平均接近70%降到了40%。这个降低幅度在美国更为剧烈：在1950至1980年之间，这个税率平均接近80%，最高一度达到91%，然而在21世纪10年代末它已经跌落到40%左右。另外，其他可对最富有人群征收的税种，比如股息红利税和公司税，也从20世纪80年代初以来显著降低：在经合组织国家中，股息税从75%降到48%，公司税从42%降到25%。[76]

在这些平均值之外，当对比不同国家的历史之时，我们发现在所得税税率显著降低的国家（如美国和英国），不平等的加剧也最剧烈；而在所得税税率降低不多的国家（如德国和法国）不平等的加剧并不显著；而在高收入群体没有变化的国家（比如瑞士，20世纪60年代以来最富有的1%的人口，其所占的收入份额一直很高[77]），不平等程度则没有实质的改变。

在最高边际税率和最富有的1%的人口，其所占的国民收入份额之间存在着强烈的负相关。托马斯·皮凯蒂、伊曼纽尔·赛斯和斯蒂芬妮·斯坦切娃（Stefanie Stantcheva）的研究[78]指出，每当边际税率降低1%，最富有的1%的人口，其所占的

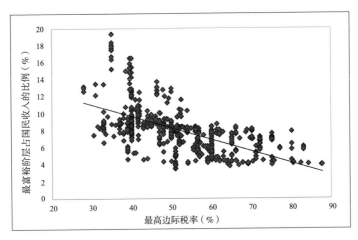

图7 1975年至2012年最高税率与收入不平等

注：数据来自世界顶层收入数据库，即如今的WID.world。

来源：OCDE（2014）

解读：每个点都代表了一个国家中最富有的1%的人口，其占有的国民收入份额，并根据
　　　该国在特定时期的边际税率进行分布。曲线呈明显下降趋势，显示了该项研究
　　　的主要结论。

收入份额就增加0.5%。经合组织也得出了相近的结论[79]，详见图7。

　　请注意我们在这里谈的还只是税前收入和税率之间的关系，如果看的是税后收入，那这种关联性会自动变得更加强烈。但是，最富有者的个人边际税率是怎样影响他们的税前收入的呢？对于上述三位学者而言，在这当中发挥主要作用的机制是谈判：当最高税率较低时，最富有者会对谈判加薪更有兴趣。而极高的税率则可能令他们丧失动力，减少创新的意愿或他们本可进

行的努力，而最终潜在的结果就是经济活动减少并导致失业。然而皮凯蒂及其合著者也指出，最高税率完全可以高达80%而不让任何人受到损失，只有最富有者中的最富有者才是例外。

最富有者的政治权力扩张？

一些作者从另一个分析角度强调了资本所有者对劳工和社会整体的权力扩张。根据这一框架，近30年来不平等的加剧可以如此解释：在作为其对立面的苏联模式崩溃之后，资本家在这场针对劳工的战役中大获全胜，因此也就可以着手压制社会权益、削减最低工资等。一度是世界首富的沃伦·巴菲特（Warren Buffet）2005年在美国有线电视新闻网发表的一段言论引起一片哗然，他这样宣称："阶级斗争是存在的，我同意，然而是我的阶级，也就是富裕阶级引领了这场斗争，并正在赢得这场斗争。"

美国政治学家马丁·吉伦斯（Martin Gilens）和本杰明·佩奇（Benjamin Page）也因他们的一项研究而成为焦点，在这项研究中，两位学者证实美国经济精英拥有一种高于社会平均水平的权力，这使他们在政治上的观点能够得到贯彻。[80]这样的研究在2017年特朗普税务改革投票后引起了更大的反响，这次改革非常利好美国最富有者及其继承者，它实际上标志着亿万富豪需要缴纳的税在近代历史上首次要少于工人阶级。基于量化数据和调查研究，两位学者指出：经济精英和代表企业界利益的组织团体达到了对公共政策施加明确影响的目的，而普通公民能够施加的影响则十分有限甚至根本没有。这也呼应了经济学家朱莉娅·卡热的研究[81]，我们已经在前面的章节有所提及。

这种政治维度完全可以与前述的一些不平等加剧的相关解释相互兼容。社会国家的衰弱和金融贸易全球化的加强都是由一系列政治选择导致，而这些政治选择之所以做出，很大程度上可以解释为资本所有者相对于社会中其他人不断扩大的政治权力。这是我们应当从上述不平等加剧原因分析中提取的主要信息之一：不平等主要由政治决策导致，而我们可以对抗这些决策。

能源扮演什么角色？

既然这本书名叫《不可持续的不平等：迈向社会与环境的双重正义》，那么我们完全有理由问一问：生态危机，尤其是能源危机，在20世纪80年代以来的不平等加剧中扮演了什么样的角色？当我们注意到20世纪70年代的石油危机和工业化国家中收入与财产不平等的历史性回升同时发生，就更免不了如此发问。

首先，我们要注意到全球和某些地区当中的不平等程度与自然资源（尤其是石油）的分布紧密相关。正如我们所知，中东是主要的石油生产地区，那里的国家被认为是全球最富裕但也最不平等的，这是因为得天独厚的石油资源为整个地区带来了暴利，但它却被数量很少的一群人掌控。

然而，化石能源的价格波动（而不是有限的减产）无法解释上文所述那些趋势的本质。能源价格使得企业生产成本增加，再经由削减工资或降低劳动成本的政策转嫁出去，于是它似乎确实在某些能源进口国失业和不平等的加剧上扮演了一种角色（尽管作用有限）。[82]石油价格上涨也可能让一些家庭的预算不堪重负。学者罗伯特·考夫曼（Robert Kaufmann）及其同行[83]展示了当次贷危机开始之时，大量低收入美国家庭是如何不得不在偿还房屋贷款和给汽车加上汽油开车出去工作赚钱还贷（十年内汽油价格涨了两倍多）之间做出选择。这些背负沉重能源账单的家庭正是那些第一批还不上贷款的家庭之一。虽然不是主要原因，能源价格在某些国家中还是推动了不平等加剧的趋势。我们在本书的第二部分会深入探讨这个关系。

缺乏政治回应，趋势会持续下去

经济不平等的加剧归结于众多因素，试图把其中任何一个单独剥离出来都将徒劳无功。另外，如果整个趋势是大部分国家共有的，我们其实也能看到许多国家各自的特点，因此也要警惕太大而化之的解释。发端于20世纪80年代初的金融与贸易全球化的延续、教育不平等背景下的科技革新可以部分解释不平等加剧的总趋势，但它们对于解释各国之间的不平等差异无法自圆其说。给最富裕群体减税和缩减社会保护网而导致的社会国家衰弱，能让我们更好地理解不同国家之间轨迹的多样性。

因此一些作者会通过三个字母来总结关于不平等加剧原因的讨论[84]：P（代表政策）、O（代表贸易与金融开放）和T（代表信息科技）。大部分经济学家都同意这三个主要因素的综合性影响，但有些经济学家会把政策放在技术前面（POT派，反之则可称作TOP派）。

这并不只是字母的排列，它们所代表的不平等加剧原因的叙事将决定对其采取回应的优先顺序（税收制度、教育投资、针对贸易和金融全球化的新法规，或者只是简单地延续现有政策）。政治总是一个不同选项之间的决断问题，即使有时也可以相互混合。所以未来许多年的关键政治问题之一将是形成一套叙事，它要可靠，并且让不平等加剧的原因和后果有条理。

然而"政策"、"开放"和"科技"之间的这种对立也会带来混淆。事实上政治选择也在决定着一个国家对世界的开放程度（或开放的方式），以及这个国家能够形成的科技与社会创新形态，经济学家玛利安娜·马祖卡托（Mariana Mazzucato）对此进行了有力的论证[85]。不平等的加剧是由于税收政策、社会政策、教育政策的选择，也是由于贸易政策和工业政策的选择。未来的趋势演变难以未卜先知，但如果缺乏以减少不平等为目的的公共政策，一切迹象就都表明不平等将继续加剧。

在全球层面上，收入不平等的动力被两大力量支配。一种是富国和新兴国家之间不平等的减少：中国中等收入劳动者的生活水平正逐渐追赶上北美，这有助于在个人之间减少全球的不平等。另一种力量是国家内部不平等的变化，即世界绝大多数群体中的不平等都在加剧。在近期的一份报告[86]中，我与我的同事们观察到，自从1980年以来后一种力量已经战胜了前一种力量。换句话说，尽管新兴国家赶上了富国，最富有的1%的人口，其所占的全球收入份额从20世纪80年代以来仍然是增加的，这导致了各个国家内部不平等的剧烈增长。我们同样指出，如果各国内部现有的趋势一直持续，全球不平等将继续加剧，在亚洲、非洲和拉丁美洲的新兴国家内部的情况甚至将非常剧烈。

这种预测建立于各国内部不平等如20世纪80年代以来那样持续加剧的猜测之上。当然，我们也说明了这并不会是自动发生的，其他的轨迹也同样充满可能。但是如果缺乏政治行动，这个预测很可能会实现。

小 结

在第一部分中，我们看到在联合国、国际货币基金组织、经合组织这样的国际组织当中，一种共识已经出现，这个共识建立在经济不平等已成为社会整体的客观问题这一观点之上。时至今日，减少国家之间的平均收入差距或是消灭贫困已被写入国际社会的政治议程之中。而减少经济不平等被纳入联合国可持续发展目标，则象征着一场正在发生的范式转变。

经济学、政治学、流行病学乃至生态学领域针对经济不平等和各种可持续发展维度之间关联的研究成果，强化了这个新共识。这些研究显示，如果不减少不平等，要达成其他有关民主、社会、经济乃至环境的目标，都将举步维艰。由于大多数国家的不平等在加剧，这些研究成果就更令人忧心忡忡。

然而前景并非黯淡无光，不平等的加剧很大程度上是公共政策选择（降低税制的累进性、削弱劳工保护与教育、放松金融管控）的结果，而人们完全有可能提出其他政策来对抗它们。这些趋势中并不存在命中注定的必然性。

我们已经说明了为什么经济不平等的核心是一种不可持续的发展形态，为了继续我们的探究，接下来我们将关注一组复杂关系，它联结了经济不平等与另一种形式的不正义：环境不平等。

第二部分　社会不平等与环境不平等的恶性循环

第三章　获取环境资源的不平等

我们所经历的环境危机（气候变暖、生物多样性被破坏、海洋污染等）很大程度上以一种针对未来世代的不正义形式出现，今天的人类为他们的后代创造了一种阴郁的未来环境。从某种程度上看这是事实，尤其是在气候方面，因为二氧化碳的排放需要好几代人的时间才会呈现出大气层变暖的结果，并对生态系统造成不可逆转的影响。然而这种表述遗漏了一部分问题。首先，我们并非能够同等地获取自然资源，我们面对环境退化时也并不平等：一场自然灾害从不会以同样的程度伤害所有人，因为有些人拥有更多的自我防护措施。其次，在同一世代当中，并非所有个人都拥有同样的责任。最后，生态危机是被"实时"制造的（如本地空气污染、化学合成农药、垃圾等），以至于污染的第一责任人也可能同时是主要受害者的同时代人。

因此，环境危机提出了关于环境服务的分配、环境退化及其责任的问题——不仅是在代际之间，更是首先在我们同时代的人之间。在引入这部分讨论之前，我们有必要区分环境不平等的几种形式[87]：

- 自然资源可及性的不平等
- 暴露于环境异常影响的不平等
- 对环境资源退化责任的不平等
- 受环境保护政策影响的不平等
- 参与自然资源管理相关决策的不平等

这些不平等是如何表现的？它们与经济领域的不平等是如何相互作用的？在本章中，我们将关注资源可及性的问题；在下一章，我们会关注暴露于危险和责任差异的问题。最后两种不平等将在本书的第三部分进行论述。

能源不平等

能源在发展中扮演核心角色

所谓能源，是可以通过多种形态呈现的自然资源：一桶原油、一堆木柴、水或风的流动、一个房间中的热量、太阳辐射……这种千姿百态的资源让我们得以饮食、出行、取暖，它是人类发展的条件。获取足量能源对于保障一个体面的生活水平至关重要：在发展中国家，拥有电力意味着人们能够冷藏食物，也就减少了食物中毒的风险，还能够在室内或夜晚降临后保持照明，让人们进行社会活动、学习或工作。此外，在世界上很多地区采集柴火是专属于女性的劳动任务，所以取得现代取暖能源（比如天然气）首先就将女孩与成年妇女从繁重的采集柴火工作中解放出来，这也就有助于减少性别间的不平等。

这个问题显然并不只限于发展中国家。在富裕国家中，能源拮据同样对于健康、就业或社会化有着现实的影响。研究证实，取暖条件不好的人更容易罹患慢性呼吸道疾病，因为缺乏暖气容易导致霉菌滋生。[88]另外，汽油也是一种所谓"不可替代"的物资，我们难以轻易地替换它。当汽油价格上涨，许多家庭必须在其造成的潜在不幸后果中做出抉择：正如我们在前文中看到的那样，在2007年的美国，许多家庭都不得不在支付油钱去上班和偿还住房贷款中二选一。[89]不管选择哪个，结果都同样悲惨。

由于上述这些原因，能源可及性的差异成了研究环境不平等的一个合理切入点。

能源获取不平等的程度

为了了解与其相关的数值，让我们往回穿越几千年——就7 000年吧。当时地球上主要居住的还是狩猎-采集者：这些人吃植物、水果、猎物和鱼，每天消耗一定量的卡路里。相对而言，人类的身体在7 000年里并没有改变太多：当时和今天一样，每天大概需要2 000千卡。[90]我们可以检查一下今天食品包装上标出的数值：一罐可口可乐有140千卡，可以说相当于一个无特殊体力活动的人一天所需能量（2 000千卡）的7%。这是挺不错的一个数目。

这个能量数值也可以用另一种单位来表达，我们可以在电费账单上看到它：千瓦时（kWh）。我们一天所需的2 000千卡相当于2.3千瓦时，差不多相当于一个冰柜一天的耗电量——当然，这并不是说我们像冰柜一样通上电就能存活了。

让我们回到能源获取不平等的问题上：在一个狩猎－采集社会中，所有人都差不多能通过食物获取并且摄入同样的2.3千瓦时能量，此外我们还可以再加上烹饪食物所用木柴带来的能量（即每人每天0.5千瓦时）。四舍五入，我们得到一个3千瓦时的总数。

能源消费不平等和经济不平等一样，在人类社会定居、分工、阶层分化之后开始加剧。一些人继续每天消费他们的3千瓦时：没有家畜的农民自给自足，其生产的东西刚好够养活自己。而那些能够驱使牲畜、机器或者其他人力来供应生活所需的人，则可以极大地跨越这道生存的门槛。我们来举一个极端的例子：在古埃及，一个能够建造金字塔并为此每日驱使一万名劳工和匠人以及一千头驴的法老，为了支撑宏伟奢华的生活方式，他每天的间接消费就超出40 000千瓦时。[91]

穿越回21世纪：在能源方面，谁消费了什么？在今天，为了完整呈现每个人消费的东西，就不能只看饮食、取暖、出行的能源，还要算上建造房屋、制造个人电脑、电影院放映的电力、家庭全科医生诊所的暖气等各方面消耗的能源——这就是我们所说的间接能源（或灰色能源）。然而有时候这些间接消费是在国外进行的（例如手机的制造），这让事情变得复杂，它们必须要被纳入计算。这绝非易事，但通过精细的重建工作还是可以做到的[92]，也就是要将国际贸易数据（哪个部门在哪个国家向哪个其他部门采购了什么？）与不同企业和个人的能源消费信息进行交叉比对。

　　总结：如今一个北美人每人每天大约消费300千瓦时，是一个7 000年前的狩猎−采集者消费量的100倍，是公元前3000年一个法老的大约百分之一。一个欧洲人的消费量是一个北美人的一半：比如一个法国人每天需要150千瓦时来维持其生活方式。一个印度人的消费量是一个北美人的大约二十分之一，即每天13千瓦时。但这些平均数还是极大地掩盖了个人之间的差距。今天我们还几乎没有各时期国家间的个人直接和间接能源消费的统一数据，但研究已经取得了很大进展。对于法国的情况，我们与普拉博德·普鲁乔塔明（Prabodh Pourouchottamin）、卡里纳·巴尔比耶（Carine Barbier）和米歇尔·科隆比耶（Michel Colombier）[93]尝试回答这个问题（见图8）。收入最微薄的10%的人口中的一个人每天大约消费70千瓦时，也就是平均水平

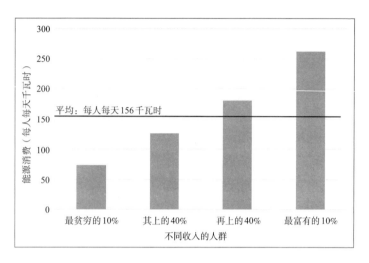

图8　法国能源消费不平等情况（2004年）

来源：作者根据普鲁乔塔明等人（2013）的研究计算

更多详情请参阅www.lucaschancel.info/insoutenables

解读：最贫穷的10%的法国人每人每天消费70千瓦时能源。

的一半不到。最富有的10%的人口中的一个人每天则消费超过260千瓦时，比平均水平要高近70%，是最贫穷的10%的人口消费水平的3.6倍。

我们之后将会回到这个能源消费和收入间联系的问题，现在我们应该注意到，收入是能源消耗总量的决定性因素。然而最富和最穷之间的差距似乎在收入上比在能源消费上更为明显，这是为什么呢？一方面，能源是生活必需品，对收入微薄的人来说，不论收入多少都必须将一部分预算用在能源上。另一方面，当一个人的收入超过某道门槛并增加时，能源消费也会持续增长，但不如收入增长得快：最富有的人不会只是为了发动他们的汽车或私人飞机而把所有收入都花在燃油上，他们还会购买能源含量相对较低的产品和服务（比如艺术品）。这就导致了能源消费不平等要弱于收入不平等：在法国，最富有的10%的人口占有34%的收入和17%的能源消费。

我们可以将其和印度的数据相比较（见图9）。[94]就像上文提到的，印度的能源消费不平等程度要远低于美国和法国。在社会阶层底部，最贫穷的10%的人口（大约1.2亿人）每人每

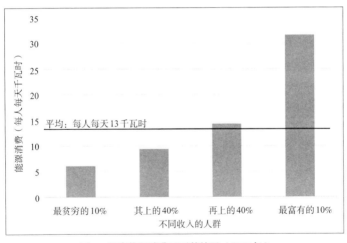

图9　印度能源消费不平等情况（2011年）

来源：纳拉辛哈·拉奥（Narasimha Rao）和闵智焕（Jihoon Min）在2017年的研究
更多详情请参阅 www.lucaschancel.info/insoutenables

解读：最贫穷的10%的印度人每人每天消费6千瓦时能源。

天大约需要6千瓦时来维持生活。这只比狩猎–采集者多出3千瓦时，这也是我们衡量这些人面临的极端贫穷处境的一种方式。而最富有的10%的印度人每人每天消费接近32千瓦时。

与富裕国家的数值相比，印度最富有的10%的人口，其能源消费如此之低也许出人意料。但其实这并不意味着在印度富人中就没有可与西方国家富人相比肩的能源消费水平。如果我们把最富有的10%的人口这部分群体的最顶尖（顶层1%乃至更上层）放大检视，就会发现这部分人拥有与欧美同类人更为接近的能源消费水平。然而，与印度的庞大人口规模（超过13亿居民）相比，那些能够拥有西方生活方式的人还是相对比较少的。

获取饮用水，21世纪的不平等

除了能源不平等之外，许多自然资源的可及性都拥有一个陡峭社会经济梯度的烙印。在反乌托邦科幻电影系列《疯狂的麦克斯》（*Mad Max*）最新续集中，主角之间就是为了争夺越来越稀缺的石油以及水资源而爆发了激烈离奇的打斗。片中大部分水资源都被一个专横的暴君拥有，他通过控制水阀而掌控着他的臣民。某种程度上来说，这个怪诞的寓言故事与21世纪迫在眉睫的挑战并非风马牛不相及，那就是水资源的可及性及其导致的不平等。

根据世界卫生组织的资料，一个成年人每天至少需要20升水来满足饮用、烹饪和卫生的需求。若要完全满足基本需求（也就是再加上诸如家务清洁、洗涤衣物等），这个最小量会攀升到70升。休闲娱乐用水（对有条件的人来说比如园艺浇水、灌满或清洗按摩浴缸）则可以让这个额度超过每人每天200升。

我所写出的这些直接消费与间接消费相比，只不过是冰山一角，水资源在这一点上要更甚于能源，也就是说水包含在我们消费的许多物品和服务当中。这个数目将相当可观：我们间接消费的水是直接消费的整整30倍（能源的间接消费只是直接消费的4倍）。

水资源间接消费的主力之一就是我们的食物：仅生产一公斤小麦就需要1 200升水，生产一公斤牛肉则足足需要超过13 000升水！因此，生活水平和饮食习惯的差异会作用于不同国家之间水资源消费的差异：平均而言，一个北美人每天消费大约7 000升水，而一个英国人则消费3 400升，一个南非人消费2 600升，一个中国人消费1 900升。[95]

在全球范围内，人类拥有足够的淡水来维持目前的需求，然而水的根本问题在于资源分布不均，因此世界上三分之二的人口每年至少有一个月受缺水困扰。缺水问题影响所有大洲的所有地区，不论国家贫富都是如此，但在贫困国家则会造成更悲剧性的后果。[96]

在这里我们有必要区分"缺乏淡水"和"难以获取饮用水"两种情况——这两种现象尽管经常相互结合，却并非总是一同发生。不难猜想，全球获取饮用水不平等的地图与各国间收入不平等的地图非常相似。事实上，超过一半无法获得饮用水的人位于撒哈拉沙漠以南的非洲。在这些国家，内部的不平等相当严重，其情况挑战着一切关于社会公平的观念：在城市中，最贫穷的人一般从集水池中获得饮用水，其价格是自来水以及距贫民窟几步之遥的豪宅花园用水的5到6倍［在一些城市甚至可达20倍以上，比如坦桑尼亚的达累斯萨拉姆（Dar es Salam）］。[97]仅有的替代方案是使用来自不安全源头的水（会导致大规模感染疾病）或者千里迢迢打来的井水（同样未必安全），而打水往往首先是女孩和成年妇女的任务，这就限制了她们能够投入其他活动的时间，尤其是接受教育。因此，水资源获取不平等的核心还是经济层面的不平等，经济不平等通过对受害者的"贫困陷阱"效应催生、延续和加深了水资源获取的不平等。

优质卡路里及其他

水和能源是我们每日生活必需的自然资源，除此之外，优质食物的获取也带有深刻的社会不平等烙印。在社会底层，那些处于极端贫困状态的人连肚子都填不饱。这在新兴国家是一个令人不寒而栗的现实，富裕国家也同样无法幸免（如美国有300万人处于极端贫困状态）。撇开这些极端情形不谈，富裕国家中的人都是能够填饱肚子的——我们在卡路里摄取量方面并未发现显著的社会梯度。然而，收入与获取"优质卡路里"之间却存在着强烈的关联性——所谓优质卡路里，指的是那些最有助于健康的食品，比如水果、蔬菜和鱼。

这有助于解释美国的一个现象：40%的美国妇女受肥胖困扰，而对于每月收入890美元以下的妇女来说这一比例会上升到45%，而对于每月收入2 400美元的妇女来说这个比例则下降到30%。欧洲的肥胖率比美国低（尽管也在快速增加），但也和收入有千丝万缕的关联。在法国，在每月收入低于900欧元的家庭中，其肥胖率是每月收入高于5 300欧元的家庭的接近4倍。[98]

如何解释这个现象？在热量相等的情况下，食品的价格越高，提供的营养价值也越高。例如，菜市场里购买的一卡路里新鲜有机四季豆的价格是一卡路里速冻鸡块价格的5倍（甚至更多），后者会提高致病的风险，但预算会限制人们的选择。另外，优质卡路里对低收入者来说不仅更贵，而且更难获得，因为有机食品商店往往开在富人街区。研究还证实了社会不平等和优质食品可及性不平等之间的恶性循环。收入水平有助于解释肥胖问题，而肥胖也会对收入水平产生反作用：这个关联在很多国家都存在，主要是因为肥胖人士在求职时更容易遭遇歧视。

提供更充分的信息来鼓励人们改变饮食习惯当然是必要的，尤其是在食品包装上添加显著标识，但这看起来只不过是个治标不治本的方法，它不足以消除这种社会－环境不正义。健康食品的民主化取决于降低食物的相对价格，增加获得它们的可能性，同时还要提高社会底层的收入。

区域层面获取资源的不平等：以公共财产和红树林为例

在经济史学家卡尔·波兰尼的杰出著作《大转型》（*La Grande Transformation*）中，我们可以读到一段关于"圈地运动"的精彩描述。在中世纪的英国，公有地是供农业工人和无地佃农使用的经济资料。随后从16世纪末期开始，这些公有地被私有化，周围竖立起了栅栏（即所谓圈地）。这些大规模的私有化使得农业工人涌向生活条件比乡村更加青黄不接的城市大街。在波兰尼看来，这是劳动商品化的开端，也是自然商品化的开端。他认为圈地运动标志着现代资本主义的诞生，因而在历史上至关重要。

在工业革命时代，许多国家都出现了自然的商品化，并对社会造成影响。1821年，普鲁士王国莱茵省森林中的小型枝干被私有化以便出售，这促使青年卡尔·马克思（Karl Marx）在针对私有财产的思考上迈出重要一步。几个世纪以来，农民都在森林中捡拾枯枝以取暖。然而，当柴薪市场出现并发展以后，林木所有者在其中有利可图，拾柴便成了违法行为。未来写出《资本论》（Le Capital）的马克思在当时严厉批判了有利于林木所有者的枯枝私有化行为，并且认为法律已经转向服务于富裕阶级的利益，因而变得无理且不正义。[99]马克思后来在其他作品中深入探讨了这个议题。

在法国，不论在旧制度之下还是在大革命之后，领主与农民群体之间都有因获取共有财产的问题而爆发类似的冲突。然而直到工业革命以前，各个城镇都还保留着共有的土地（也就是几个世纪以来领主们一直想要据为己有的那些土地），无地的农民可以在这些共有土地上放牧。然而在经济转型的大时代里，中央权力并不满意这种情况。法国阿尔卑斯群山中的格勒诺布尔（Grenoble）离我的故乡不远，在19世纪中叶，国家认为这座城市的公有地被荒废成了"荒芜的空旷牧场"，并想要强迫城市卖掉它们。市议会意识到这场出售的结果并不会公平，主张这些土地应该保持公有财产的性质，以便服务于最贫困者（当时的词汇是最"不幸"者）。然而在国家的压力下，市议会最终牺牲了那些贫困农民的利益而同意出售这些土地。很多类似的私有化行动也在其他地方发生过。

不幸的是，圈地运动的悲剧还有着当代版本。这个案例与红树林也就是一种在海滨湿地上形成的丰富生态系统有关。在中美洲和东南亚，土地私有化政策让一些红树林变成了工业化的养虾场——他们常常使用这样的论调来为此辩护：养殖业能够创造就业岗位并促进地方经济发展。经济学家霍安·马丁内斯-阿列尔（Joan Martinez-Alier）[100]对于厄瓜多尔、斯里兰卡、印度尼西亚和马来西亚的此类私有化政策进行了许多研究，考察它们对个人和周边社区造成的影响。这些研究显示，在养虾场进驻之后，原本用自然资源来供给生活所需的那些社区都被整体排挤出了滨海地区。它们的经济资源、社会资源、文化资源全部被私有化了。

养虾场的经济效益大部分集中到了经营者的手里。这个行业非常繁荣但损害环境，因为它会对养殖场所在地产生污染（尤其是抗生素污染），同时还会耗尽当地的自然资源。在虾类消费国的生态主义者的压力下，一些认证标志开始出现，它们被颁发给愿意遵守某些可持续水产养殖标准的生产商，但这还是没能阻止污染行为的持续发生。

这样的冲突还提出了另一些问题，那就是用什么衡量尺度来评估一个生态系统所能提供的服务，以及采用什么替代方案：养虾的商业收益可以弥补破坏红树林造成的损失吗？为了衡量这些损失，我们需要把红树林提供的服务（食物、健康、抵御气候灾害等）换算成货币吗？还是使用其他种类的指标？

对不同选项（保护红树林还是养虾）利弊的评估方法做出

选择是解决这类冲突的关键。在遍布全球的众多环境冲突当中我们都可以找到此类关键因素，比如印度泰米尔纳德邦的核电站建设问题，法国的荒原圣母镇机场建设问题、西文斯水坝建设问题、戈内斯三角地规划问题，北美的拱心石XL输油管道问题。*一方面，我们要量化就业岗位和经济增长带来的收益；另一方面，我们也要尝试对在健康、生物多样性保护、气候保护，乃至更广泛意义的福祉上的损失做出阐释。

我们会在本书第三部分再次回到这个问题上，但我们现在就应该认识到：环境服务相关成本和收益的衡量完全是一种政治行为，绝非中立。如果一个行动者能够在公共辩论中成功地推行其衡量体系或让它被接受，那么他将胜算在握。

---

* 印度泰米尔纳德邦（Tamil Nadu）的库丹库拉姆（Kudankulam）核电站建设曾引起当地渔民的激烈反对，导致多次停工并推迟启用。法国西北部的荒原圣母镇（Notre-Dame-des-Landes）是计划中南特（Nantes）新机场的所在地，西文斯水坝（barrage de Sivens）位于法国西南部的蒙托邦（Montauban）附近，戈内斯三角地（Triangle de Gonesse）则是位于巴黎郊区的大型商业娱乐综合体欧洲城（EuropaCity）预定用地，这三个项目都由于公平和环保问题在社会上引起巨大争议，建设地块遭到当地居民和社会运动人士旷日持久的占领，他们成立"自卫区"（ZAD）以阻止施工，因此经常与警方爆发暴力冲突。这三项建设工程最终都以主动取消或法院判决取缔而告终，从而成为法国环境社会运动的标志性案例。拱心石XL（Keystone XL）是连接加拿大和美国的拱心石输油管道第四期工程，旨在以更短路径连接一期管道的两个端点，因会造成环境风险并且穿越原住民领地而备受争议，工程在奥巴马任内被冻结，在特朗普第一个任期内重启，最后在拜登就职首日被正式取消。

第四章　暴露于环境风险的不平等

　　面临环境风险（如干旱）或环境破坏（如城市污染）的不平等是获取环境资源不平等的反面。获取的不平等和暴露的不平等之间当然可以形成共振：比如在前文提到的红树林案例中，资源的私有化与土地污染相伴而生。但因为这两种不平等有各自的形成机制，我们还是有必要区分它们。那么，到底是什么样的机制呢？

　　总体而言，社会弱势群体最容易遭受环境风险（他们离工业污染地区更近或是住在易受洪涝的区域），而且他们在面对这些风险时会显得更加脆弱。[101]在发生环境灾害的时候，经济越拮据的人，拥有的抵御灾害的物质手段也越少。在环境污染造成健康问题时，他们拥有的检查和医疗资源一般也更少。[102]我们接下来将会看到，这些因素相互交织并叠加，让社会经济不平等变本加厉。

与健康有关的社会-环境不平等

人们罹患慢性疾病（心血管紊乱、糖尿病或癌症）的风险已被证实正在升高，而这极有可能是因为生活条件与环境的变化。我们使用"环境暴露"（exposome）来形容可能导致疾病的全部非遗传性风险因素（比如化学污染、物理污染、生物污染或者社会心理背景）。在《科学》（Science）杂志中，美国学者斯蒂芬·拉帕波特（Stephen Rappaport）和马丁·史密斯（Martyn Smith）证实，导致慢性疾病的70%至90%的风险要由这些因素负责。[103]

一个例证：美国的铅中毒问题

在美国，环境不平等有时也可以被叫作种族不正义，因为许多研究都显示非洲裔美国人比白人住得离有毒垃圾填埋场或工业区更近。[104]美国经济学家安娜·艾泽尔（Anna Aizer）及其同行[105]也指出：暴露于环境污染的不平等主要损害了最弱势群体的健康，他们从幼年开始就终身处于一种贫穷与不平等的恶性循环当中。

这项研究与铅中毒有关，这种疾病在法国已经消失，起码是几乎消失了，[106]但它仍然存在于世界其他地方，尤其是大西洋彼岸的美国。对于儿童来说，摄入很小剂量的铅就足以造成器官中毒和神经系统紊乱。这将削弱受害者的认知能力，也就意味着损害了其一生当中充分发展的机会。一些研究人员一直致力于衡量铅暴露对美国学业不平等造成的影响，这项研究从1997年到2010年，涉及了罗德岛州的60 000名儿童。在全美国各州当中，罗德岛州社会相对较为平等，但非洲裔美国人的学习成绩往往低于白人（满分20分，非洲裔平均得8分，而白人的平均分则是10分），而非洲裔也明显更多地暴露于铅（1997年的过度暴露接近60%），这是因为他们更多地居住在破旧房屋中。

这些数据显示出非洲裔美国人更多地暴露于铅污染并且在学校中成绩更差。但是到现在为止我们只能确认铅中毒对学业不平等负有责任。其他独立因素有可能将这两种不平等连接起来，比如父母的受教育水平：平均而言，如果成年人以前没有机会接受良好的教育，那他们的收入会更低，也就更有可能居住在受到铅污染的公寓中；此外，他们能够帮助孩子在班上取得好成绩的资源也会更少。如果不直接归罪于铅，这个推理也可以解释铅与成绩差之间的主要关联性。

我们现在来看看研究人员如何揭示这两种不平等形式之间的因果关系。在检验这一推测时，我们显然不可能给一组随机抽选的孩子灌下一定量的铅，然后再年复一年地把他们和没有铅中毒的对照组进行对比……那么我们应该怎么做？研究人员使用了一种在医学和社会科学中极有用武之地的方法，名叫"工具变量"（variable instrumentale）。我们首先要寻找到一种确定不对学习成绩产生影响而只影响铅暴露的变量（即"工具"），然后我们要观察随着这个变量的变化，学习成绩受到了何种程度的影响。

在研究案例当中，一条禁止在住宅中使用含铅涂料的全国性法规成了工具变量（见图10）。这个政策与铅暴露显然有着密切关联，但本身对学习成绩并没有影响，毕竟这条关于铅的新法规不论何时都不会直接刺激人们的学习意愿或能力。它唯一

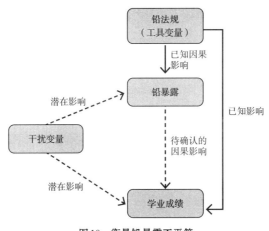

图10　衡量铅暴露不平等

来源：作者

解读：我们可以衡量由铅法规导致的学业成绩变化，以及铅法规对于铅暴露的影响（实线），然而我们无法直接衡量铅对于学业成绩的影响（虚线）。

可能对学业表现产生的影响只能是通过降低铅中毒，即降低铅暴露来实现。如果我们可以衡量该法规对铅暴露的影响以及法规改革之后学业成绩的变化，那我们也就可以具体地衡量铅暴露对于学业成绩的影响了。所呈现的将纯粹是铅暴露产生的影响，不被其他变量干扰。

在罗德岛州，铅法规对缩小铅暴露差距起到了不可忽略的作用：实施新法规之后，非洲裔美国人对于铅的过度暴露从1997年的60%降到了38%。这种差距缩小还表现为非洲裔美国人的学业成绩显著提升。依照前文所述的方法，研究人员指出学业不平等的减少大约有一半要归功于新法规带来的环境不平等减少。要知道非洲裔美国人仍然在遭受比白人更高水平的铅暴露，如果这一差距被彻底消除，成绩的差距也极有可能进一步缩小。

不幸的是，美国仍然有许多其他形式的环境风险暴露不平等，而它们还未得到研究——这串名单每年都在增加。举个例子，多溴联苯醚（PBDE）是一种用于处理塑料和纺织物的化学产品，它会损害儿童的神经系统发育。而非洲裔美国人暴露于多溴联苯醚的程度是白人的两倍，[107]这很有可能是因为他们的生活地点普遍靠近工厂。

公共政策中有一个至关重要的问题，那就是如何对暴露于污染源和各种污染的区域与人群进行识别。我们在本书第三部分会看到，这几年当中，许多对公众开放的制图工具被用来推动立法进步并督促其实施。特朗普在其第一个任期中沉重打击了美国环境政策，而此前美国曾在共享污染数据方面名列前茅，在乔·拜登（Joe Biden）的总统任期内美国会恢复如此吗？现在下结论还为时过早。欧洲国家尽管经常以环保先锋自诩，但在让利益相关群体掌握制图工具上还有巨大的进步空间。欧盟委员会应该针对这个问题带头行动，这样才能回应公民对社会正义和生态正义的双重要求。未来世界正在显现出其轮廓，但这个关键的问题却似乎逃脱了公民社会和政党的雷达探测。

空气污染

根据世界卫生组织的资料，由于能源或垃圾焚烧产生的微小颗粒会侵入人体，大气污染增加了心脏病、肺癌和其他慢性呼吸疾病的风险，每年造成超过400万人死亡。

这些颗粒的尺寸极为细微，如果要形容，可以想象一下将一根头发切割成10份，其直径就是PM_{10}（直径在10微米以下的颗粒[108]）的尺寸。最危险的颗粒是$PM_{2.5}$（直径在2.5微米以下的颗粒），它的尺寸相当于将头发切分成40份后的直径。这些颗粒越小，它们侵入人体组织和器官的能力就越强，由于能够深层侵入，它们能对人体造成的损害也就越大。

低收入国家和新兴国家是受空气污染影响的主要国家。根据世界卫生组织的资料，$PM_{2.5}$年平均浓度应该低于每立方米空气10微克，并且每年高于25微克的天数不能超过3天。如今全球空气污染程度最高的城市新德里，年平均值在每立方米100微克至150微克之间摇摆，而每天的峰值则超过了空气质量传感器测量上限（即超过999微克/立方米，相当于每天抽50支烟）。

如果说新兴国家大都市中监测到的空气污染已经企及天文数字级别，富裕国家中的空气污染风险也远不至于可以忽略不计。在法国，各类死亡中有9%是柴油和其他化石能源燃烧产生微小颗粒造成的污染所导致，严重程度不可小觑。这个比例相当于法国在一年中有50 000人因此而死亡，与因酒精而死亡的人数相当。就30岁时的预期寿命而言，如果没有空气微粒污染，每个法国人平均都能够再多活9个月。需要说明，杀人最多的并不是那些经常登上欧洲报纸的头条并每年都激起一系列高层级政治反应的污染高峰。在法国，往往是那些剂量相对不大但持续全年的频繁暴露才最具杀伤力。如果那些污染最严重的城镇将其污染程度减到那些污染最少城镇的水平，那么在这50 000例死亡中有接近35 000例可以避免。换个表达方式：如果所有城镇都向最低的污染水平看齐，那么法国每年每100例死亡中就有7例本可避免！

所有社会阶级都会受到空气污染的损害，但低收入者往往首当其冲。原因之一是高污染区域往往也是低收入者居住区域。在美国，大量排放污染微粒的煤炭发电厂高度聚集在非洲裔美国人聚居的街区周边：美国排放污染物最多的12座煤炭发电厂周边的居民当中，非白人居民占了76%。如果煤炭发电厂产生的风险能够平等分布，这个比值本应该只有28%。[109] 正因为这种现象的存在，美国的公共辩论和社会运动当中才会使用"环境种族主义"这个表述。

此外，就算在那些不存在污染暴露不平等的区域，最贫困者一般也会承受更多的风险。塞弗琳·德冈（Séverine Deguen）带领的一个研究团队详细关注了巴黎空气微粒污染的不平等影响。[110] 巴黎的贫穷街区并不比富裕街区更多地暴露于大气污染（这与历史上的情况相反，因为富人区以前往往位于不受工厂有害烟雾波及的区域），但富裕家庭总体来说仍然受到更少的污染（因为他们有更好的通风设备，有些会安装空调）。贫困人群还会花更多时间在公共交通上，那里的空气污染比家中更加严重。

另一个原因是一个人的健康水平与其收入存在联系（请回忆第一章中提到的"十大基本事实"）。结果就是最贫困的人在面对城市污染时更加脆弱。

最后，最富有的人有更多的手段来防备污染，他们大可以去自己在诺曼底或香槟-阿登*的乡村度假别墅里来一场"绿色"旅行，这会减少他们全年暴露于污染物的频率。在新德里或拉各斯†这类城市里，由于富人与穷人之间不论污染暴露差距还是

---

* 诺曼底拥有距离巴黎最近的海滩，香槟-阿登（Champagne-Ardenne）则是巴黎东侧的葡萄酒产区，拥有人烟稀少的田园风光。

† 拉各斯（Lagos），尼日利亚最大城市。

医疗差距都非常巨大，我们完全有理由认为这种情况仍将持续并且甚至可能加剧。

发展中国家的家庭污染

在同一个家庭中，人们面对空气污染也并非平等。这个情况在新兴国家尤为真切，因为这些国家里水和食物的加热方式导致室内空气污染程度非常高。2017年，在全球发展中国家中，接近30亿人在使用传统能源来烹饪，也就是说要燃烧木柴和木炭，这会产生和城市空气污染一样的微粒。

性别不平等和经济不平等在这里相互叠加：家庭空气微粒首先伤害妇女和儿童，因为他们会在火炉前停留更长时间，罹患肺病（50%的小儿肺炎死亡案例是由家庭恶劣的空气质量造成的）和心血管疾病的风险也更高，每年全球有400万人因此死亡（相当于各类死亡案例的7%），而这个现象几乎只存在于发展中国家和新兴国家。[111]

农业与工业污染源：受威胁的区域与群体

空气污染的状况会被各种媒介广泛报道，一部分是因为污染高峰期的情形肉眼可见。然而我们也不应该忘记土地和水的污染，这类污染同样对所有人的健康，尤其是最贫困人群的健康造成影响。杀虫剂或除草剂是造成不平等影响的重要污染因素。它们的主要受害者是农民或者一些工人——后者会通过表皮、口腔（比如在操作后吸烟）或呼吸接触这些化学物质——也包括他们的家人和周围邻居。暴露于杀虫剂会急剧增加罹患前列腺癌、皮肤癌或者如帕金森综合征之类神经退行性疾病的风险。[112] 虽然我们对于有毒物质影响健康的认识因为研究的进步和法律行动而越来越深入，但一些像孟山都（Monsanto）这样的污染者有能力投入资金进行大规模虚假宣传，所以此类行动还是会遭到百般阻挠。请注意，除了已经过去和正在进行的污染相关诉讼之外，孟山都在法国和美国都已经因为虚假广告而被判有罪。

在与杀虫剂、除草剂有关的污染方面，暴露风险程度最高的人群也比一般人更脆弱。许多研究显示，农民去进行医学检查与治疗的频率比平均水平更低。[113]

上面我们主要谈的是人和人之间的不平等，但空间层面也并不是一个无足轻重的因素，毕竟它削弱了收入水平和风险暴露之间的联系。在很多地方，整个区域都有可能受到人类活动的污染。在一些煤矿区域〔欧洲的法国北部省（Nord）煤炭盆地，以及美国的阿拉斯加、犹他和内华达〕，重金属污染土地、污染水的许多事件被记录在案。发展中国家对于土地污染的系统性监测研究比较罕见，但它们的采矿行业制造的环境损害并不会比富裕国家矿区更少，因为众所周知，它们的管理法规更为宽松，而且采掘方式也更加具有破坏性。[114]

面对环境冲击的不平等

正如前文所述，由各种污染导致的慢性疾病一般是在漫长时间段里悄无声息地形成的。与之相反，当一些环境冲击（龙卷风、干旱或洪涝）来临时，暴露情况会加重很多。我们将会看到，环境冲击的影响也存在着很大的不平等，即使我们也知道所有人不论贫富都受到了损失。此外请注意，"自然灾害"这个常用于形容这些现象的字眼很可能带有迷惑性：如今全球发生的干旱现象中接近四分之三与气候变化有关，而气候变化则是由人类活动造成的。[115]因此，"自然灾害"并不像这个词汇所暗示的那般"自然"。

洪涝、暴露与技术脆弱性

2005年，卡特里娜飓风袭击了路易斯安那州和新奥尔良。这是美国历史上损失最惨重（超过1 000亿美元）的环境灾害之一。这场飓风造成近1 400人死亡，直到今天依然是关于社会、环境和种族不平等的惨痛警示，这些不平等击垮了这个世界第一经济强国。电视剧集《忧愁河上桥》（*Treme*）[116]的故事就发生在飓风袭击后的新奥尔良底层街区，它刻画出了居民所承受的水深火热，以及获取重建资源时受到的不平等待遇。

在新奥尔良，飓风导致溃坝之后，非洲裔美国人和白人的风险暴露程度是大不相同的：城市中约有一半的黑人住在受灾区域，而白人则只有30%。换句话说，非洲裔美国人承受的风险比白人高出68%。其部分原因在于城市中易受洪涝的区域相当大部分与贫穷街区重合，而非洲裔美国人居住在贫穷街区中的比例很高。而城市中地势较高的区域，总体更加富裕并且白人居民占大多数，同时显然更不易遭受洪涝。

除了不平等暴露以外，还有面对飓风灾害损失的脆弱性差异。最贫困者的健康状况低于平均水平的事实，我们就不再赘述了。而在新奥尔良，还有另一种因素在发挥作用：个体的（抗冲击）韧性。许多非洲裔美国人家庭连一辆可用来逃难的汽车都没有。就像学者弗朗索瓦·杰曼讷（François Gemenne）在其研究[117]中强调的那样，超过一半没有逃离城市的受访人士表示，他们之所以留下是因为根本没有离开的交通工具。

不幸的是，这一情形在很多国家都存在。在英国，最贫困人群更多地暴露于沿海洪涝风险中：在最贫困的10%的人口当中，超过16%的人住在洪涝风险区域，而在最富裕者当中则只有1%。[118]全球层面上也是如此。全世界有超过25亿人生活在距海岸线100千米以内的范围，他们当中有四分之三居住在发展中国家。

这个状况也不只限于洪涝。世界银行的经济学家斯特凡·阿尔加特（Stéphane Hallegatte）及其同事[119]指出，在大部分被研究的非洲、亚洲和拉丁美洲灾害案例中，最贫困者不仅会更多地暴露于环境冲击，而且在面对冲击时也始终更加脆弱。他们认为这有两大原因：首先，最贫困者的住宅、交通工具和其他财产都不如最富裕者所拥有的那样坚固耐用；其次，当灾害突如其来（不论是否环境灾害），他们的一切生活来源都会被摧毁。而最富裕的人并不会将所有资产都存放在同一个地方——比如将一部分保管在银行。

总而言之，我们已经看到在许多国家中，在风险地区居住的贫困者比例过高，不论是空气污染风险还是洪涝或干旱风险。不过，收入水平和环境风险暴露之间并不存在一个绝对系统性的联系。这个问题的区域维度有时会干扰社会不平等的效应：当一个地区遭受污染或龙卷风之时，不论贫富，不论男女，不论族裔，同为受害者。这些事件及时地提醒我们，环境破坏攸关我们所有人的利益。然而，我们可以确定：最贫困者在面对这些污染和冲击时总是更加脆弱，原因是他们自我防护的手段更少。这是一个叠加了经济不平等、环境不平等和政治不平等的恶性循环。现代社会确立了一种环境风险及自我防护手段的社会不平等分配机制，这种分配联动导致业已存在的社会不平等变本加厉。

第五章 污染者责任的不平等

在获取资源不平等和风险暴露不平等之后，我们将要介绍环境不平等的第三个层面：污染者对其造成的损害所负责任的不平等。第一个挑战随之而来：我们如何考察这种不平等？按照国家之间的分配？还是工业部门之间、个人之间的分配？生产本书所产生的污染由谁负责？作者？出版社？运输企业？读者？这个角度可以在伦理问题上一石激起千层浪。我们需要首先阐明我们谈论的是哪些不平等，然后分析它们的原因，再于下一部分中考虑如何应对。

我们谈论的是什么责任？

已经有人提出了"人类世"（Anthropocène）这个概念，它被用来指代我们所处的这个地质年代：人类改变了地球气候系统——这与此前的所有地质时期都大相径庭，在那些阶段只有地球物理力量才能改变气候。尽管地质学家们对这个概念是否恰当仍然各执一词，但毋庸置疑，在人类活动下气候系统正以一种前所未见的飞快速度走向失常。因此"人类世"这个概念要求人类面对我们在地球系统失常及其后果方面的责任。然而不要忘记，所谓"人类"并不是一个同质化而紧密团结的群体，并非每个人都对如今的混乱发挥了同样的作用。

理解生态危机的另一个视角是把跨世代正义视为一个重大问题：事实上，气候变化所体现的不正义是随着时间展开的，它导致各个世代相互对立。这一解读主要建立于2006年发布的著名的斯特恩报告，它计算了我们这一代人与下一代人因气候变化而要付出的成本（根据中位数估值，大约占全球国内生产总值的15%，而避免气候变暖的成本则仅是1%至2%）。[120]这个方法能够让许多政治界、新闻界、学术界的行动者更好地了解气候变化未来的影响。我们因此知道有一种巨大的不正义在今天被施加给了明天的人类。而气候变化还远不止于此：在同一个时代中，我们也可以找到赢家和输家、支配者和被支配者、污染者和受污染者。

第三种理解框架至今仍在国际气候谈判中使用，却使国家或国家集团陷入对立。如果我们将那些最大的排放国和那些面对气候变化结果最脆弱的国家在地图上关联起来，那么一目了然，那些污染最多的国家（根据人均排放量来衡量）也是那些最少暴露于气候变化影响的国家。

　　然而这理解框架本身也充满争论：我们在划分责任度的时候需要算上历史排放量还是只用现时数据？我们应该根据一国的人均排放量还是总排放量来看？只看国内消费相关排放量还是国家的整体排放量？难道不应该再兼顾一个国家的生产总值和行动能力吗？（那些有能力行动的国家难道不应该比其他国家有更大的行动义务吗？）图11展示了全世界范围内不同的责任分布。比如欧盟只对当前11%的排放量负有责任，却占据了16%的收入和接近20%的历史排放量。中国的情况恰恰相反，

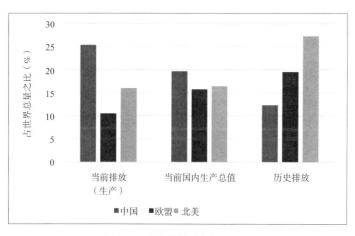

图11　温室气体排放责任几何？

来源：作者修改自尚塞尔和皮凯蒂2015年的研究

　　　　更多详情请参阅www.lucaschancel.info/insoutenables

解读：2017年中国对全球约25%的排放负有责任（与生产相关），而温室气体历史排放则小于全球排放量的13%，国内生产总值则约占全球的20%。

当前排放量占比超过25%，而历史排放量则小于13%。我们应该根据怎样的责任原则来评估各自的贡献与责任？

1997年在日本京都，气候问题谈判各方对于"普遍但有所区分的责任"原则达成了一致。这意味着各方承认所有国家都需为气候变化承担责任这一事实，但只有历史上负有责任且拥有较高生活水平的国家（被称为"附件一国家"）才需要削减其排放。因此《京都议定书》将世界各国分为两类：一类是"附件一国家"（当时的经合组织各国排除其中正在转型期的国家），另一类是世界其他国家。《京都议定书》因此也就结合了两大观念：基于历史与现实排放量的责任（我们称为矫正正义），以及基于国家收入或支付能力的责任（我们称为分配正义）。

这两种责任划分模式仍然在今天的国际气候谈判中使用。比如，2015年《巴黎协定》的财务部分中就有承袭自京都的气候正义原则：只有工业化国家需要提供旨在应对气候变化的一千亿美元资金，其他国家则以自愿为原则。

气候谈判方不太愿意明确地挑战从京都沿袭的原则，因为这个问题太容易激起冲突，可能会扰乱议程。但问题在于《巴黎协定》忽视了当今世界的一大重要特点：国家内部的生活水平差异程度相当巨大而且与日俱增。那些新兴国家的富人们，他们已经制造了这么多污染，难道不应该在生态上努力付出更多？然而在《京都议定书》表达的原则中，只考虑了国家平均水平，国家内部的差距则被忽略了。

终结可持续发展童话

在2015年底于巴黎召开的联合国气候大会前不久，我们与皮凯蒂一同进行了一项研究，邀请谈判各方和公共舆论将个人责任放到讨论的核心位置上来。在我们看来，这个思考框架或许有助于我们跨越气候谈判中的一些障碍。这项研究的第一步就是质疑可持续发展"童话"的概念之一。

在本书第一部分，我们提到过库兹涅茨曲线这个有些天真的理论，它认为一个国家发展起来之后不平等就会机械性地自动减少。20世纪90年代，经济学家吉恩·格罗斯曼（Gene Grossman）和阿兰·克鲁格（Alan Krueger）[121]也对污染和发展水平之间的关系提出过类似的理论。根据这个理论，当一个国家处于发展程度不高的阶段，那么它通过道路、工厂和城市化建设取得的增长将会以生态系统和空气质量为代价。人们会接受这些经济发展的附带损害。但是随着生活水平蒸蒸日上，人们会投入更多的资源和时间去保护环境，于是就到达了投资发展对地球友好型科技的转折点。

这个被称为"环境库兹涅茨曲线"的理论也同样被套用在个人层面上：超过某一个收入水平之后，人们更愿意吃有机食品、开电动汽车、对住宅进行隔热装修，所以在最富裕群体中污染水平也会降低……

这个理论表述对于主张经济发展的公共行动者极具吸引力：根本没有必要再操心环境问题，因为就算延续现行经济增长政策，环境也是会自己改善的。真替决策者们感到遗憾，因为这不过只是又一套神话而已。不同国家中，这条著名的"倒U"形曲线仅仅在少数几种污染物那里得到验证。[122] 在当前大多数令我们感到担忧的污染源当中，尤其是温室气体，以及水或土地的使用等方面，我们从未见过任何这种曲线。[123]

富人毁了地球？

当我们在个人之间而不是国家之间进行对比时，我们发现随着收入增加，大部分污染物的使用也同样增加。在这里我们将聚焦于二氧化碳和其他温室气体（二氧化碳当量）。这并不是要对其他污染形式轻描淡写，但温室气体确实是人类社会面临的最大挑战之一。此外我们对于温室气体拥有相对详细的数据，这有助于我们进行责任不平等的研究。

针对不同国家的许多研究认为，收入（或与其紧密相关的支出水平）是解释国家内部个人之间二氧化碳当量排放差异的主要因素。[124] 就像我们在前文中对能源做出的分析，我们要区分直接排放和间接排放。前者指的是在能源使用地产生的排放

（比如燃气热水器、汽车排气管），后者是为了提供我们消费的服务或物品而必需的排放，如智能手机、有机胡萝卜或电影票。事实上，我们每天使用的物品都需要能源来设计、制造、运输、销售。如果是进口商品，那么这些间接排放可能产生在国内或是国外——我们在后文中将会看到，把进口的间接排放纳入计算将会改变国家之间二氧化碳当量排放的"传统"分布。

在第三章中我们曾说过，个人能源消费随着收入的增加而增加，但增加幅度更小。而对于因使用能源而产生的二氧化碳排放（简称"碳排放"）也是如此。不管是我们每天所需的热量，还是能够加进汽车的燃油量，其实总有一个限度（就算拥有好几辆车的人也不可能一次性把所有车都开出去）。但相反的是，我们能够通过收入来购买的物品和服务却是没有限度的。整天停放着的汽车并不会增加直接二氧化碳当量的排放，但制造它们而产生的排放应该纳入计算并且按天分摊到它们主人的账上。间接排放与收入的关系也因此比直接排放更紧密。一个人越是富有，其间接排放的份额就越多[125]：在法国和美国最富有的20%的人口那里，间接排放占总排放的四分之三，而在最贫穷的20%的人口那里，这个份额只有三分之二。

现有的研究也显示，一个国家内部的总排放量（即直接排放和间接排放的总和）并不会随着收入的增加而减少：总体上会显著增加，但要低于收入的增速。具体而言，每当收入增加1%，碳排放根据国家的不同会增加0.6%至1%以上，中位数大约在0.9%。这个将收入和碳排放增加联系起来的数值被称为"收入-碳排放弹性"。

然而，个人之间的碳排放存在着巨大的不平等。比如在美国，每人每年平均二氧化碳当量排放是23吨。但最贫穷的50%的人口每年大约只排放13吨，而最富有的1%的人口则排放150吨以上。[126]这样的不平等是由能耗极高的消费模式（即使社会底层也一样）伴随着强烈的收入与消费水平离散而导致的。我们可以与法国的例子进行比照。在整体碳排放比较有限的法国社会（主要是因为交通、暖气和制冷系统的能源利用效率较高），我们发现较贫困那一半人口的平均排放量要小得多，大约是6吨二氧化碳当量，而最富有的1%的人口则是80吨。在巴西，最贫穷的50%的人口，其排放量是1.6吨左右，而最富有的1%的人口则是接近70吨。在巴西这个发展中国家里，大部分人口只对较低至极低程度的污染负有责任，但另一些经济精英则拥有类似欧洲或北美富人的能源消费模式（把镜头拉近到顶层1%的巴西人就一目了然），而这两种人却生活在同一个国家里。

收入之外

对于个人之间碳排放的差距，很大一部分都可以由收入来解释，但许多其他变量同样起到了作用：比如饮食习惯或度假目的地这样的个人选择。但也不总是个人选择：有些人排放量更高是因为技术限制（其住宅能耗较高）或政策限制（其所在的市镇没有足够的公共交通）。我们可以将收入之外影响排放量的因素分为三大类：技术、空间和社会文化。

在技术因素上，用电设备和耗能设备（暖气、隔热系统、汽车、家用电器）的选择对于温室气体排放有着相当巨大的影响。因此，在生活质量相同的情况下，在一个拥有时下最佳能源效率设备的家庭，和另一个使用20年前老设备的家庭，两者之间的直接二氧化碳当量排放可以相差3倍。[127]

地理和区域组织也同样是决定性因素。在美国城市中，每个居民出行所需的直接能源是在欧洲城市中的4倍，这是由于城市规划思路不同，以及旧大陆的空间更加有限。[128]请注意，这不再是一个"要不要换热水器"这种个人决断的问题了，这是政策和集体的选择（或不选择）：一个人毕竟不可能仅凭一己之力就建起一条新轨道交通线或是让住宅区离商业中心近一点。气候则解释了有关供暖或通风的差异：在法国，室外温度每降低一度，直接能源消费就会增加5%。[129]

最后是社会文化因素对个人施加影响，比如一个家庭的规模（一个屋子中人越多，人均排放就越少，因为能源得到了节省）或者受教育水平。在法国，教育水平解释了很大一部分与交通有关的排放差异，因为同等收入下，教育程度越高的人往往出行更多，[130]这可能会影响他的排放总量。一个法国人每年在通勤路上平均要排放0.7吨二氧化碳当量，而巴黎和纽约之间仅一次往返航程的排放就要再翻一倍！

"婴儿潮效应"

在一份关于美国和法国温室气体直接排放的研究中，我主要关注了碳排放的世代效应。[131]年轻一代的排放比老年人更多吗？哪些因素能够解释世代之间的差异？要回答这个问题就必须收集几十年间的个人能源消费数据，得益于家庭调查数据的汇集以及能源数据库，这是可以做到的。

我们首先关注美国的案例，并没有观察到世代效应。所有同龄人终其一生都制造大量碳排放，而出生日期对于总排放量没有任何决定性影响。年轻一代跟长辈们的排放一样多。这多少显得有些自相矛盾，因为年轻美国人在调查中自认为比年长者更关心环境。这提醒我们，在生态保护的行动上，说的可能和做的并不一致。

法国的情况和美国不一样：世代效应在法国要明显得多。婴儿潮一代，以及在之前出生的那代人（1930年至1950年）终其一生制造了比其父母和孩子们更多的直接排放。他们直接排放的二氧化碳当量比平均水平要高15%到20%（见图12）。

这个结果很有意思，因为它是前文所述作用于碳排放的多

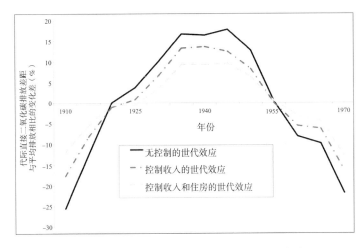

图 12　1910 年至 1980 年法国的污染不平等与世代效应

来源：尚塞尔（2014）
　　　更多详情请参阅 www.lucaschancel.info/insoutenables

解读：1945 年出生的那一代人一生中的直接二氧化碳当量排放比平均量超出 18%。如果我们考虑到在年龄相同时这一代人比其他人更加富裕，那么他们的直接二氧化碳当量排放还是超出平均量 14%。

重力量共同的结果。这种代际差距差不多有四分之一是由于婴儿潮一代在一生中都享受着相对更高的收入。相比于美国，法国的这一现象要更加明显：这个年龄层的人当初能轻易地找到工作，拥有价格低廉的住房，并且收入还在剧烈地增长。如果在年龄相同的情况下进行对比，1945 年出生的法国人实际上比他们的下一代拥有更好的命运。1977 年，30 岁至 35 岁人群与 50 岁至 55 岁人群的收入差距在 15%，而到 2009 年这一差距已经扩大到40%。收入差距导致了二氧化碳当量排放的差距：与其他世代相比，在同一年龄时，婴儿潮一代取暖条件更好，消费汽油更多，旅行也更多。[132]

但仅仅是收入并不足以解释这种"婴儿潮效应"。这一代人与其他世代的差异还体现在住房的能源特点上。事实上，当婴儿潮一代接触房地产市场之时，供暖设备和隔热系统的效率都还不太高，他们在这样的住宅中居住了相当一段时间，甚至如今依然住在里面。所以这一代人被困在了自己基础建设的限制当中，而更新这些基础设施是一个漫长的过程，可能要持续好几代人的时间。

婴儿潮一代与其他世代差异这个问题，一半原因在于收入和住房能源效率。剩余部分难以从统计角度来分析，但很可能是由社会规范与战后世代自己的习惯造成：婴儿潮一代与他们出生在石油危机之后的下一代，以及经历过战争和配给制度的上一代相比，他们很可能养成了更铺张浪费的行为习惯。

和美国一样，法国的年轻人也自称比他们的父母更关心环境问题。然而我们也已经知道，他们的较低排放量在部分程度上是与经济条件限制有关的，并非仅仅出于生态环保原因。

到这里，我们已经展示了收入之外许多其他决定温室气体排放水平的因素。好消息是，排放有可能通过这些因素来减少。但我们也已经指出，这些因素与收入差距相比都是次要的。对于公共政策而言，一切的关键在于进行一场激进的转型，来彻底斩断收入水平和温室气体排放之间的联系——这场转型要包括交通基础设施、隔热系统、供暖模式、思想工作等。

温室气体排放的全球不平等

我们已经了解了国家内部个人排放的决定性因素，现在可以开始建立一张按照国界来对号入座的全球责任地图了。哪些国家是最大的排放国而哪些是最小的？过去几年间污染不平等的地理产生了怎样的变化？这在多大程度上改变了气候责任的地缘政治？

2008年，在哥本哈根气候大会上，美国和印度学者之间掀起的一场辩论成了关注焦点。[133]这场辩论围绕的问题是：印度和其他新兴国家的谈判方在全球气候大会上是否使用了极低的平均排放水平，来掩盖他们国家富人极高的排放量。这个"富人"具体而言指的也是谈判方人员本身，因为一般来说他们都是最富有社会阶级的一员。

翌年，索伊博·查克拉瓦蒂（Shoibal Chakravarty）和其他来自普林斯顿大学的物理学家和经济学家对这个问题进行了一项前沿研究，[134]衡量了以个人为单位的全球二氧化碳排放不平等。研究的难点在于如何在世界范围内估算每个社会群体的影响，因为我们只掌握某几个国家的个人排放研究的数据。破解的方法是通过可用数据库来进行估算，此类数据库涉及收入不平等、每个国家能源强度（有些国家收入水平相同但排放率由于能源政策不同而大不相同）以及收入-碳排放弹性。然而这项研究的局限之一是它没有算上在国外产生的间接排放，而且也没有算上二氧化碳之外的其他温室气体。此外，它对国家之间经济的极端不平等考虑不足，也未参考排放量的历史变化。

前文引述的我与托马斯·皮凯蒂一同进行的"碳排放与不平等"（《Carbon and inequality》）研究，以及此后由世界不平等实验室进行的工作都旨在超越这些局限性，将国家内部不平等和间接排放同时纳入计算。这些研究能够让有关气候的真实责任水平被更好地体现出来。表1通过将地区排放与包括间接排放的碳足迹总量相对比，展示了将在国外产生的排放纳入计算有多么重要（尤其对于欧洲）。

表1　2021年每个居民产生的温室气体排放

	区域排放 （吨/人）	碳足迹 （吨/人）	碳足迹与世界平均数值的差距（比值）
撒哈拉以南非洲	2	1.7	0.3
拉丁美洲	4.7	5	0.8
北美洲	19.4	20.4	3.3
中亚	11.5	9.6	1.6
东亚	9.1	8.9	1.5

	区域排放 （吨/人）	碳足迹 （吨/人）	碳足迹与世界平均 数值的差距（比值）
东南亚	2.6	2.8	0.5
欧洲	7.8	9.4	1.5
中东与北非	7.8	7.9	1.3
全球	6.1	6.1	1

来源：尚塞尔（2021）[135]

更多详情请参阅www.lucaschancel.info/insoutenables

解读：算上在国外产生的间接排放，欧洲人每人每年平均排放9.4吨二氧化碳当量（不算入间接排放则是7.8吨）。欧洲人的碳足迹是世界平均水平的1.5倍。

研究方法可以总结如下。我们使用来自WID.world数据库的社会顶层收入不平等详细数据，将这些资料与各国的直接与间接排放数字相结合，提出一系列碳排放与收入联系的猜测（改动前文提到的那个"弹性"），以便给每个社会阶级都分配一块排放蛋糕。这一套方法在纳入极高收入数据和转换至二氧化碳当量这两方面还有待完善，但其结果还是已经清晰明了。以下是我们从中获得的三个结论。

第一个重要结论：我们发现20世纪90年代以来国家之间的二氧化碳当量排放不平等在减少，但国家内部的排放不平等却在加剧（见图13）。国家之间不平等的减少是由于"金砖五国"（巴西、俄罗斯、印度、中国和南非）的发展和进步：新兴国家

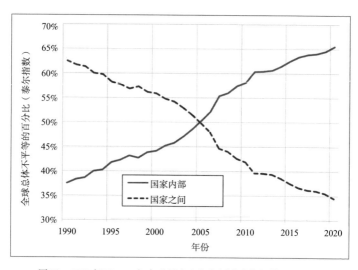

图 13　1990 年至 2020 年全球国家之间与国家内部的排放不平等

来源：尚塞尔（2021）

　　　更多详情请参阅 www.lucaschancel.info/insoutenables

解读：在 1990 年，全球碳排放总体不平等有 38% 是由于国内不平等，62% 是由于国际的差距。2020 年，情势完全颠倒，全球碳排放不平等主要由国内排放差距造成。

正在追上发达地区，而中国的平均数则在接近欧美的曲线，由于经济增长放缓与在增加能源效率方面做出的努力，中国比过去增加得更慢。但同时，收入不平等在各个国家内部加剧，这连带导致了国内二氧化碳排放不平等的上升。在 1990 年，全球排放不平等中只有不到三分之一是由于国内不平等导致，如今则接近三分之二。当我们关注责任差异时，这第一个结论让我们确定有必要对国家边界的分野保持怀疑。

第二个重要结论：过去15年二氧化碳当量排放的增长在全球人口中的分布极不平等。图14展示了世界范围内不同排放群体排放率的增长。具体而言，我们将1990年全世界人口从最少排放者到最多排放者进行了排列。这个排列与财富顺序非常接近：排放最多的人就是最富有的人。然后我们将这些所有人口分为100个组，再将第一百组分成其他更小的组，以便追踪顶层不平等的变化。最后则是测算1990年至2000年每个组内部人均排放量的增长。

　　我们发现在限定时间段内，全世界70%较贫穷的人口的人均排放量增长大约在25%至35%之间，也就是说底层阶级和中产阶级的生活水平和碳足迹在这一阶段上升了。但此后曲线剧烈下跌，从正值跌到负值，也就是说对于世界的一部分人口来说，人均排放量从1990年以来在下降。这是属于工业化国家底层和中产阶级的轨迹。在能源转型政策和收入相对停滞的双重影响下，这两个群体的碳足迹从1990年以来减少了大约10%至20%。实际上我们还没有做出足够的努力来把气候变暖限制在1.5℃乃至2℃之内；要实现这个目标，欧洲国家的碳足迹平均减少比例要达到75%才行。但这仍然显示了一个重要的事实：全世界一部分人口至少走在一条积极的轨道上。但全球分配顶层群体不在此列，在最富有和排放量最高的人那里，情况并非如此。全世界最富有的5%的人口之中，不论这些人居住在富裕国家还是贫穷国家，1990年以来排放量都在上升，甚至在最富

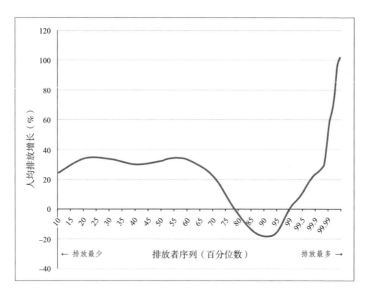

图 14　1990 年至 2020 年全世界碳排放量增长情况（根据碳排放者序列排列）

来源：尚塞尔（2021）
更多详情请参阅 www.lucaschancel.info/insoutenables

解读：全世界排放量最高的 0.01% 人群（百分位数位于 99.99）在 1990 年至 2020 年之
间的人均碳排放量增长幅度超过 100%。

裕群体中排放量爆炸式增长。这确认了我们在前文所揭示的问题：全球排放不平等越来越是一个存在于国家内部的现实。

第三个重要结论：尽管发展中国家的中产和富裕阶级正在迎头赶上，但全球层面上的二氧化碳当量排放仍然高度集中。排放平均数是 6.1 吨，但最高排放的 10% 的人口平均排放 28 吨（即全球排放量的 46%），而最低排放的 50% 的人口（平均排放

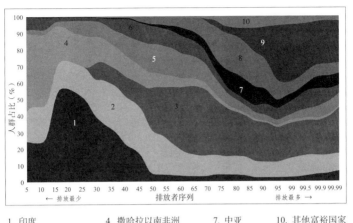

1. 印度　　　　　　4. 撒哈拉以南非洲　　　7. 中亚　　　10. 其他富裕国家

2. 亚洲其他国家　　5. 拉丁美洲　　　　　　8. 欧洲

3. 中国　　　　　　6. 中东、北非　　　　　9. 北美

图15　2020年全球排放者的地理分布

来源：尚塞尔（2021）

更多详情请参阅www.lucaschancel.info/insoutenables

1.5吨）仅对污染的约12%负有责任。在最高排放群体中，看不出富国和穷国之间的差距。事实上，生活在新兴国家的人在世界最高排放群体中所占比例很高，如图15所示。这佐证了《躲在贫穷背后》[136]这篇文章的观点，但也表明工业化国家并不能在大型排放国的地缘政治中全身而退，因为它们在这个群体中仍然占据了三分之二的排放量。

这对全球二氧化碳当量排放不平等的呈现方式提出了一个重要的政治问题：在这个按照国与国对话原则组织起来的国际

社会框架下，我们还能否处理不同社会群体之间的责任问题？这显然并非易事，但我们将会在第三部分看到，世上仍存在着许多条能将这些成果"付诸政策"的康庄大道。

小　结

在第二部分中，我们分析了三种环境不平等的形式：获取自然资源不平等、风险暴露不平等、环境损害责任不平等。我们可以从中受教良多。

一方面，经济不平等很大程度上决定了环境不平等：最贫困的人更难以获得自然资源商品（如能源），而且还更多地暴露于环境风险中，并且总是在面对这些风险时更加脆弱。此外，经济不平等是温室气体排放不平等的主要决定性因素。因此，经济不平衡的加剧趋势对环境不正义的变化来说绝非吉兆。

另一方面，环境不平等会放大现有的经济和社会不平等。获取能源的限制会对经济发展、社会生活和健康产生负面影响。暴露于污染、环境风险及其影响的不平等延伸并强化了现存的社会经济不平衡，不论在工业化国家还是新兴国家中都是如此。因此，环境损害已成为制造经济和社会不平等过程中一个越来越具有决定性的因素。

所以，我们有必要在减少经济不平等的同时保护环境，不能顾此失彼。但问题在于：保护环境方式各异，而从经济不平等的角度看，一切方式都不是中立的。某些环保政策甚至至少在某一时间段内可能加剧现有的经济和社会不平等。至于减少贫富差距的政策，它们也同样可能对环境造成不利的后果。这种对立要怎样才能跨越？

第三部分　我们需要什么社会政策和生态政策？

第六章　在有限世界中减少不平等

　　在本书前两部分，我们尝试解释与经济不平等、环境不正义和可持续发展有关的机制。现在轮到我们来回应各种不平等相互作用引起的诸多挑战了。本书无法面面俱到，我们将只会指出三条研究主线以便在这些问题上推进公共辩论。

　　首先是对公共生态服务（尤其是能源、水和公共交通）进行大规模投资。这些对基础设施的投资必须伴随着一些措施，通过建议、培训或激励等方式来改变关于个人舒适的社会规范。其次，我们需要努力发展一种环境税制，如果设计得当，它将一举两得，成为保护环境和减少不平等的有力举措。最后，我们有必要将环境不平等摆在公共辩论的核心位置。这需要创制一个体系来开放透明地衡量不平等，正如某些国家已经在做的那样。

经济喜讯及其对地球造成的恶劣后果

图14呈现的"倒U"形曲线证明了全球中产阶级的蓬勃兴起。从经济角度来看，这是一个喜讯：在新兴国家和发展中国家，这些人能够拥有更体面的生活水平。从气候角度来看，这条曲线的弧度令人惶恐不安：新兴国家中产阶级碳排放量的历史性追赶会对地球造成损害。

减少国家内部的不平等的努力，对气候而言构成了真正的挑战，这个事实似乎尚未得到所有人的普遍承认。比如，霍米·哈拉斯（Homi Kharas）是位于华盛顿的权威智库布鲁金斯学会（Brookings Institution）的研究员，他就认为脱离贫困并不会增加二氧化碳当量排放。[137]据他所言，发展中国家里最贫穷者的生活方式往往比小中产阶级更具污染性。原因是什么呢？因为最贫困者从事的农业活动生产力极低但二氧化碳排放量极高。这样的说法又回到了"环境库兹涅茨曲线"这个理论上。然而，我们在前文所展示的研究结果十分清晰：当我们把个人二氧化碳当量整体（国内与国外）全部纳入计算，污染是会随着生活水平而上升的，不论在非洲、欧洲还是美洲皆是如此。

同样，有些人也认为如果美国等国家内部实现更平等的收入分配，国民二氧化碳当量排放将会自动减少。[138]这个观点只有在某些条件下才会成立，并且还未被实践验证，我们在线上附录[139]中指出了这一点。在其他条件相同的情况下，收入再分配的确会造成总排放量的上升。但这也就是说，公权力完全可以采取行动来打破这个"其他条件相同"的前提！其实我们完全有可能改变一个社会现行的消费模式，以及调整能源强度（每花一欧元或一美元产生的二氧化碳当量）。因此我们可以有针对性地进行再分配：比如发放专供购买本地出产有机蔬菜的生态支票，这对于再分配受益群体来说能够降低他们的能源强度。但这种政策也难免遭到批评：背后还是透露着一种家长制作风，因为受益者并不能自由地使用补贴的钱去做自己想做的事。另一条路线则截然不同，需要两项政策齐头并进：一方面，用传统社会政策（通过强化社会国家或累进性更强的税制）来减少不平等；另一方面，推行不针对某个特定阶层的环境政策。这条路线的问题在于：如何优化协调这两种政策以便让我们不至于顾此失彼？

减少不平等的同时让生态冲击最小化：公共服务与合作社的角色

在决策者掌握的各种减少不平等的工具中，哪些是与生态转型观点最为兼容的？要想确切地回答这个问题就需要更多的经验研究和实证研究，但我们已经掌握了许多信息来朝着正确方向推进。

在新兴国家或低收入国家，和富裕国家一样，发展公共与集体服务是一个能显著改善最贫困者生活条件同时保护环境的方法。这一点在涉及能源、供水或排污网络，以及公共交通之时尤为明显。

公共服务与能源合作社

在这个角度上，瑞典的案例非常有意义。从20世纪70年代以来，瑞典的公权力就大规模发展了一套由可再生能源供应的城市热力网络。这些装置比个体取暖系统要更加高效，因而能够减少家庭能源消费以及与其相关的二氧化碳当量排放。此外，能源价格在20世纪90年代初引入碳税之后开始上涨，而这套系统允许每个人轻松改变能源供应源，因此不至于遭受经济损失。这项政策的第一受益人是那些最贫困者，因为他们预算中用于能源的份额要高于那些最富有者。

如今，瑞典热力网络的四分之三由可再生能源（或废弃物回收转制能源）供应，由各市镇的公共机构持有并运营。这些大规模投资减少了所有人，尤其是最弱势者能源账单上的数额，同时也与气候变化进行了斗争。

此外，如本书第一部分所述，在公共资产缩水的大背景下，这些投资为限制其衰弱趋势做出了贡献，也减缓了私有资本涨回极高水平的趋势。请注意，私有资本增长本身并不是一件坏事，但它却会引起关于财富分享和遗产税制的新挑战，因为它在近期总是伴随着个人资产集中化的显著加剧。另外我们还可以想象未来能源基础设施的一些其他所有形式，即使不是公共所有，也能够朝着更公平的资产分配方向前进。比如学者安德烈亚斯·吕丁格（Andreas Rudinger）和诺埃米·普瓦泽（Noémie Poize）就指出，去中心化的能源生产基础设施在德国的投资量巨大。德国有很多个人在投资电力或热力生产合作社，这是一种共同管理的机构，拥有风力发电机、太阳能板或是生物质*发电站，也能够组织向用户输送这些能源。由于迈向可再生能源的转型日益深入，这些投资的数额也在持续上升。

德国能源合作社的治理模式从社会公平的角度看非常符合正义，因为其战略决策都是以"一人一票"的原则做出，这与私有资本控制的传统能源企业以资本额决定决策权的运作模式有着天壤之别。与此同时，通常100欧元左右的入场券相对来说也比较便宜，能够让更多人参与到这类公民投资当中。

这个模式取得了成功：2000年以来接近一半的可再生能源新设施是由市民或农业生产者控制，他们通常以合作社的形式组织在一起，而同期传统能源集团拥有的新设施份额仅仅只有

---

* 生物质即直接或间接利用绿色植物光合作用形成的有机物质，包括动植物和微生物，及其代谢物。——编注

7%。值得注意的是，能源合作社并不只限于一些邻居分享一块太阳能板这种小项目：德国最大的能源合作社拥有38 000名社员，并且向34 000名用户输送电力。自2000年以来，德国公民总共向各个合作社投资了200亿欧元。所以合作社模式完全可以做到规模很大。

如何解释这种成功？这种模式在德国家喻户晓的名声功不可没（德国四分之一人口是合作社社员，包括食品合作社、农业合作社、运输合作社等），但也要注意公权力为这些公民团体提供了优惠贷款利率，并且确保了稳定的法规与财政框架，鼓励他们在这套法律制度下生产可再生能源，因此公权力的支持也扮演了不可小觑的角色。

本地公营水资源服务

排污和供水网络在保护环境和减少不平等方面扮演的角色也必不可少。在历史上，是私有行动者首先确保了北美和欧洲的水资源供应。但是他们并未实现这种资源的普遍可及，并且在19世纪下半叶剧烈工业化与城市化的背景下，霍乱大流行接二连三地暴发。这些私有企业逐渐被主要由本地提供的公共服务取代。罗斯福新政就终结了美国的私有自来水部门：在20世纪30年代末，几乎所有的美国供水网络都已经公有化。这一行动让供水服务覆盖到全体居民，同时消除了流行病。在美国，大约90%的市政府直到今天都通过公共服务部门管理自来水生产、供应和污水处理网络。公共服务也同样是大多数富裕国家的通行准则：接近80%的人口喝着公共经营者供应的水。即使几十年来的立法一直在鼓励私有化转型，但大多数水资源依然维持着公共管理。

为什么富裕国家如此中意公营供水服务？经济学的基本理论能够帮助我们理解这个问题。这个理论说的是在自然垄断*的情况下，引入竞争将会使价格上涨而不是下降（安排两套平行的供水系统不合逻辑）。物权法理论和交易成本理论告诉我们，供水网络这种自然垄断的私有经营事业必须要有公权力方面的高度管控，它主要是为了防止私有经营者垄断利润的寻租行为，但这种管控的成本已被证明会十分高昂。

另外，我们还看到美国有相当一部分市政府，在过去几十年中选择了私有服务，但现在又重新回到公共经营上来，[140]因为对用户而言，私有化后的价格并没有降低，但服务的质量反而会变差。服务网络质量恶化的第一受害者就是那些最贫困者，因为他们并没有足够能力去改用其他替代品（比如购买矿泉水）。

在低收入国家，供水和污水处理服务仍然有待落地，公共、普遍地获取水资源远远没有得到保障。由于这些国家的公权力事实上并没有足够能力实现饮用水普遍可及，加上意识形态背

---

* 自然垄断指的是由规模经济和市场规模造成的独家垄断。在自然垄断的情况下，垄断商的产品生产成本要低于非垄断情况下几个更小厂商生产该产品的平均成本，同时垄断商能以有利可图的价格供应该产品给市场。——编注

景倾向于私有化，因此20世纪80年代以来其公营供水系统遭到了极大的污名化。在过去几十年间，各大开发银行对公共部门的批判十分严厉，从而促进了私有网络的发展，其中跨国公司占据了极大份额〔尤其是苏伊士（Suez）和威立雅（Veolia）这两家法国企业〕。然而这些私有行动者并未一直表现出他们应有的水平，尤其在服务质量以及让服务覆盖最贫困者这些方面并不理想。[141]

在低收入国家，高质量用水服务及其本地公共运营完全是可兼容的，至少我们在众多新兴国家所看到的就是如此，比如巴西的阿雷格里港（Porto Alegre）、累西腓（Recife）或是圣保罗州以及其他许多城市，还有印度的卡纳塔克邦（Karnataka），乃至加纳。在这些城市，市政当局的投资决策是与用户一起做出的，这总体来说能让社会正义问题被更好地纳入考虑。事实上，我们在这些地方确实看到，在成本得到控制的同时，服务的普及化也取得了重大进步。

富裕国家市政经营水资源模式的成功，以及发展中国家近期的案例表明：公营供水服务作为一个选项在未来几十年中不仅仅是可行的，更是前景广阔的，它能够将服务质量、经济效益和获取基础自然资源的民主化融为一体。

未来的公共和集体运输

公权力投资集体运输网络（公共汽车、地铁，还包括拼车）

对于保护环境和推行社会政策一举两得也非常有意义。这在印度这样的新兴国家尤为明显。我们以生活在新德里郊区的工人为例，他们每天工作9个小时，早晨要坐一个半小时的公共汽车去上班，晚上下班回家也是一个半小时：这是新德里以及世界上许多城市（不论是否属于新兴国家）千百万人面临的现实。这些交通方式不仅成本极高（根据世界银行报告[142]，高达最低工资的25%），而且我们还可以把在公交上花费的时间当作一种占总工作时间25%的"税"（工作加通勤总共12个小时，其中3个小时报酬为零）。算上实际交通成本和这个虚拟税，他们的工作将要承受一项超过40%的"税前税"。

新德里如今总计有接近3 000万居民以及1 200万辆机动车辆，其中超过300万辆是汽车。根据许多专家的预测，10年之后，新德里的汽车数量可能远超1 000万辆。私家车大规模拥堵会对环境造成灾难性影响，而大量投资建设公共交通将能够避免这些拥堵，还可以降低最贫困群体和中产阶级的交通成本。然而，投资公共交通并不足够。

如何转变社会规范？

和许多碳足迹极高的物品和服务一样，汽车并不只是一种普通的交通方式，它还是炫耀某种生活水平的方式。人们购买一辆车既是出于实用和经济的原因，但通常也是为了标识自己归属于一种社会阶级。在讲述美国梦及其局限的剧作《推销员之死》(*Mort d'un commis voyageur*)中，作者阿瑟·米勒（Arthur Miller）就给主人公的汽车赋予了独特的重要性。作为一种工作工具，汽车同样也是个人自由梦、社会流动和阶级跃升的具象化身，但在剧作中这辆汽车不论在字面还是在隐喻意义上都撞上了一堵幻灭的墙。同样，在发展中国家，人们会把买车与跻身中产阶级挂钩。此外，由于中产阶级有时难以定义，一些学者还提出通过保有一辆汽车的人数来估算中产阶级的规模。[143]

从地球的角度来看，中产阶级归属感与保有私家车之间的联系毫无疑问是灾难性的：请注意，生产一辆汽车消耗的间接能源几乎相当于它行驶75 000千米所需的能源，这是相当巨大的。这样的依赖还限制了国家投资公共交通的能力，而这些投资却是环境保护的关键要素。实际上，如果中产阶级认为公共交通只对底层阶级有好处，那么让他们通过交税来为其出资就会更加困难。所以公权力应该通过改变彼此的财富观念，来促进使用低碳汽车和公共交通，以此赢得对环境有利的条件。

如何转变这些社会规范？新德里和孟买各有一个新建的地铁系统——它们与这两个巨型都市的体量相比有如杯水车薪。这些城市的最富有者目前更喜欢坐在城市四驱车的反光玻璃下出行，但近期有人却提出要推出一等座服务来吸引最富有者搭乘。有些评论者在这个措施中看到有人企图把印度社会的不平等延伸到地底下，另一些人则认为这是有利于地铁的可行营销策略：如果精英开始乘坐大众交通，那么传递给中产阶级的信息就是不必再靠汽车来彰显财富！从这个角度来看，地铁公司的这个提议并非荒诞不经，它只是尝试改变不同社会阶级的消费观念。这样的方法也并非首创：在18世纪，当路易十六的御用农学家安托万·奥古斯丁·帕尔芒捷（Antoine Augustin Parmentier）把土豆引进法国时就曾经使用过。据说他当时让人白天对土豆田严加看守，晚上却故意放松警惕，以此鼓励村民去吃这些据称专供宫廷贵族享用的美味珍馐。

在这两个印度城市中，宣传计划如果经过良好策划（比如强调汽车不够便利以及改用公共交通后能够获得额外购买力）就可能有助于改变关于何为舒适享受的社会观念，并且不会把已在地上存在的社会不平等复制到地下。新德里的城市公共交通当局已经最终决定放弃一等座提案，但它接下来有可能在孟买得到实现。不论如何，至少在质疑社会观念及其对环境的影响方面，这场辩论能够发挥作用。

对某种出行或生态消费模式抱有刻板印象，这显然并非新兴或低收入国家所特有。在欧洲和美国很多城市的近郊区域，拼车是最可靠、最生态的交通方式。但拼车还是常常被贴上"廉价"的标签。所以除了促进发展的必要城市规划之外，公权力还应该发挥作用让这种交通方式在社会上更具吸引力。

我们有时在广播中会听到一些鼓励大家节约能源或节约用水的广告。这当然很好，但是其投放量与那些怂恿不可持续生活方式的广告相比，又算得了什么？围绕可持续消费方式的公共传播在电视频道和社交网络上还有极大的发展空间，同时还可以通过公权力在学校中对年轻一代进行深入宣传。公共政策如今对传播和广告的问题不感兴趣，把空间都让给了私有行动者，但私有行动者在理论上又不具备公共行动者那样保护环境和社会正义的目标。所以这对公共政策而言将是一个巨大的工程。

住宅的能源改造

还有一个能够同时减少个人生态足迹和家庭预算限制的工具：对住宅进行能源改造，使其冬暖夏凉。如今的能源行动者们都同意这是拥有最佳成本效益比的（如果不是唯一的）减排措施，就像俗话说的那样："最便宜的能源就是不用能源。"公权力在此类行动中要扮演极其重要的角色，因为贫困家庭实际上能从中最先得到好处，但其需要投入的成本则是难以承受之重：一间住宅的能源改造需要几万欧元以上。

瞄准最贫困者进行的能源改造可以成为社会和生态政策的优秀案例：它让受益者能够节约使用能源，并且提供额外的余裕，这使得他们在燃气、燃油和电力涨价时能够得到更好的保护。但是要如何为能源改造融资呢？

第一个答案是总预算：由国家来资助这些对社会整体和未来世代都大有裨益的工程。有些国家（如法国和英国）就根据收入条件来向贫困家庭发放此类补助。实施改造的速度仍然很慢,然而一些创新资助模式能够让这些家庭一分钱都不花就得到改善。在巴黎所在的法兰西岛大区,一些公共行动者(大区、各个市镇,以及法国储蓄信托银行、法兰西银行)一起合作,面向个人推出热力改造工程的资助方案,并且个人无须垫付任何费用。能源运营商将通过这些家庭能耗的降低来长期回收翻新成本,而这些家庭将继续支付改造前的能源费用直到整个改造费用全部结清为止,其差额将归能源运营商所有。我们称这种模式为第三方融资。在这个过程完成之后,接受改造的家庭将能够享受更好的隔热条件和更便宜的能源账单。

关于这种第三方融资的机制,发展中国家拥有许多成功案例,而且许多正好符合我们所谈论的问题:比如在突尼斯或印度已经有实施类似的计划,让低收入家庭能够获得更高效的能源设备或者太阳能板,不再因门槛成本而无缘于可再生能源技术。

社会 – 生态转型咨询员?

然而,在能源改造这个问题上,许多研究都显示了一种可能发生的反弹效应:能源消费本该降低,实际却反而上升了。事实上,人们心中感觉舒适的温度是随着供暖设备质量的上升而上升的,以至于在法国,进行热力改造工程之后预计的节约量中有30%未能实现。[144]当然,对于某些处于不稳定状态中的家庭来说，温度的提升是完全正常的。但事实上我们经常看到有些住宅的温度早已超出人体所需的程度。所以公权力有必要对热力改造补助的受益人加以指导，使得翻新工程能够真正实现能源消费方式的转变。

但是，在那些拥有社会保障体系的国家，社保咨询员在生态转型和可持续发展方面的知识总体来说捉襟见肘；而另一方面，能源转型的行动者（往往是技术人员）也没有接受过社会正义议题的培训。蒂莫泰·埃拉尔（Timothée Érard）和马修·索若（Mathieu Saujot）在法国进行的一项研究[145]告诉我们：上述情况正是与能源不平等斗争的政策中存在的最大问题之一。正因如此，21世纪的社会-生态国家需要建立不同政府部门与行政分支（环境、能源、社会事务、就业或预算）之间在政策引导、信息交流和培训方面的协同机制。

这种衔接在热力改造之外的领域中也能够取得收获，比如在低碳交通方式或高质量食品可及性的问题上。欧洲有不少有价值的案例：在瑞典，向个人提供的社会补助将会把能源花费纳入计算，以便让那些真正有困难的人领到更多补助。补助申请者可以向社保咨询员致电，后者将负责评估他在住宅、交通及其他方面的能源花费。这些数据最后将会被纳入给困难家庭发放的补助总额计算中。[146]在德国，针对能源的补助同样包含在给失业人员发放的社会补助中。所以德国和瑞典的社会保障机制已经将能源维度包含在了人一辈子会面临的"风险"里面。

绿色新政有利于就业

我们已经指出，在许多领域，公共服务对于保护环境和保障服务普及性都大有可为——比如能源、水、排污系统，以及低碳交通方面。令人乐见的是，从经济效益角度来看，这种公共管理经营模式完全可行。我们要在此强调：针对能源转型基础设施的投资是就业密集型的。对此问题的各种不同研究指出，凡是在建筑热力改造上（或在发展公共交通网络上）每投入一欧元所创造的就业岗位，会比在其他大多数领域每投入一欧元创造的就业岗位更多。这些岗位是不可替代的，也就是说不能被转移到其他地方，这正好与如今的许多服务活动相反。这些岗位还都属于制造和工程行业，它们相对来说需要更高的资质，而报酬也会更高。

以这个逻辑为基础，美国民主党众议员亚历山德里娅·奥卡西奥-科尔特斯（Alexandria Ocasio-Cortez）以及欧洲众多政治人物十年来一直主张绿色新政（Green New Deal）。当下大规模投资生态转型相关行业，这不仅对地球有利（且必要），而且也完全对经济有利。

当然，某些行业将会受到绿色新政的负面影响，它们以煤矿或石油工业为代表。但这恰恰是绿色新政的目标：促进经济结构转型，以保护环境和绝大多数人的健康。在市场经济民主制度的漫长历史中，政府在战争时期以外决定投资某些领域，同时强化管制其他领域以便维护国家利益，这类情形比比皆是。比如法国当局在20世纪60年代下决心发展核电，这对于其他电力生产领域（煤炭、石油、天然气等）绝非无关痛痒。更近一些，1987年美国签订《蒙特利尔破坏臭氧层物质管制议定书》，禁止使用破坏臭氧层的气体，这对生产这些气体的行业也造成了冲击。

我们完全可以做到在保护职工的同时迫使某些污染行业转型或消失，这正是绿色新政的总体哲学。某些企业本身的业绩无足轻重，真正至关重要的是个人与职工的福祉。而且，对矿场或核电站进行除污工作本来就需要专业技能和知识经验（这些行业的工人早已部分具备了），污染行业如今掌握着能让它摇身一变成为未来几十年除污先锋的王牌，而这也是保护这些行业就业岗位的另一条有效途径。如果污染行业工人的技能确实无法被用于生态转型的目的，那么就应该通过社会政策为受影响者提供培训与经济支持。我们可以通过税务系统以及污染行业税来资助这些政策的实施。

累进与生态的税制

如何资助这些在社会和生态转型中扮演基础角色的政策？尽管税收制度常被污名化，但它的三项主要功能是不变的：统筹资金以保障公共服务运作，纠正市场的不平等，以及改变行为模式——比如通过阻止污染行为来实现。实际上，人们时常会觉得第三项功能是一种问题：税收在影响行为的同时，也让市场变得低效。因此，劳动税会阻碍就业招聘，资本税会减少投资……

曾当过约翰·梅纳德·凯恩斯（John Maynard Keynes）老师的经济学家阿瑟·塞西尔·庇古（Arthur Cecil Pigou）在关于此问题的辩论中表现得堪称以柔克刚：他推翻了反对征税者的论据，并且说明，改变行为本来就是税收要实现的目标之一——就我们讨论的主题而言，税收就是要影响污染行为。在减少污染习惯的同时减少不平等并非唾手可得，但这是有望实现的。

我们拿新德里来举例，它有300万辆车即将投入使用，在未来10年内将会对新德里的私家车累进性地进行征税（比如通过税票贴纸），因为它瞄准了最富有的占人口15%的居民。但在10年内，私家车实际上将会极大地普及，私家车税将会有很大的基本盘，但累进性却会显著削弱。所以发展中国家在未来几年将有一个机会窗口期，可以用来实施具有重大环境效果的累进税制——如果获得的资金能够用于发展大众交通的话效果会更好。当这段窗口期结束之后，这个税制在社会上就不再那么公平，而且更重要的是，在那时使用私家车的社会规范将铭刻在新中产阶级的消费习惯中。

碳税的想法在许多国家已经步入正轨，然而前路依旧漫长。在全世界，通过对燃油消费者的优惠税制或直接补贴，每年都有3 000亿欧元[147]被投入化石能源产业当中。

在发展中国家，这些补贴经常作为对最贫穷者的补助而出现，但就像瑞典经济学家托马斯·斯特纳（Thomas Sterner）所指出的那样[148]，补贴的主要获益者实际上是城市富人。贫困家庭确实获得了更低的燃油价格用来照明或烹饪，并且从他们极低的预算来看，这些补助也举足轻重。但还有许多补贴实际上都落到了那些在汽车、空调或暖气上大量消费燃油的人的口袋里。正因如此，发展中国家里最富有的20%人口享受的这些补贴，是最贫穷的20%人口的6倍。

裁撤这些补贴（或者提高税率）能够解放大量的公共预算。比如在伊朗，公权力就中断了这些燃油补助，并且将其中一半省下的钱发放给各个家庭，这个过程通过给所有提出申请的公民开设银行账户来实现。在印度尼西亚，化石能源补贴曾经在仅仅几年之内就占据了国家预算的四分之一，2012年它甚至达到了社保和卫生公共支出总额的3倍。[149]这些补贴被裁减后，节省的经费以相近的比例资助了医疗、教育投资以及对最贫穷家庭的社会补助。印度尼西亚政府进行的是一场累进性改革，这场改革使得一个大型的普遍社会保险系统（它是全世界最大的社保系统之一）得以建立，同时强有力地抑制了化石能源的使用。我们在此见证了一个社会–生态国家的崛起。

在富裕国家也是一样，环境税改革可以成为一种社会进步，而不是退步。针对得到实施的改革，相关研究表明，如果将这些环境税纳入更大的税务改革计划中，它们在政治上将有更大的机会被接受，因为这能够给受到损失的人带来更多的补偿。[150]研究指出，富裕国家的碳税如果不带补偿机制，那么就将是累退性的（即按照收入比例来看，最贫穷者受损最多），但如果它附带针对低收入家庭的转移，那就可以变成累进性的，这种转移可以是直接的也可以是间接的（比如通过降低低收入者的薪资附加费）。

环境税改革也或多或少有一些成功案例。1991年瑞典实施的改革被纳入整体税务改革框架中，在引入碳税的同时使整个税务体系得以转型，这在如今仍然具有参考价值。从1991年每吨27欧元，到如今的每吨120欧元，瑞典的标准位于全世界最高的碳税率之列。但我们也要注意，与此同时，瑞典最富有者的边际税率却减少了，这满足了当时的政治需要，但说实话却无法构成一个累进性的体制。然而，碳税的增长还是伴随着对于低碳能源基础设施的大规模公共投资，因为税率较高时这些投资可以成为纳税人的替代方案。瑞典的这套制度还向能源账单高昂的人提供了社会补助，这对于保护最贫穷者不受碳税伤害具有基础性意义。

法国"黄背心"运动的教训

本书第一章曾经提及，法国政府曾（在2008年）计划引入碳税。但这一措施还未施行就胎死腹中：左翼和右翼的一些政治领导人都认为它可能造成社会不正义，因而表示反对。

几年之后，在2014年，弗朗索瓦·奥朗德（François Hollande）政府最终成功实施了碳税。前一个政府败绩在先，为什么奥朗德政府就能够将其成功推行？其巧妙在于：他们提出了税收计划……然后把第一年每吨碳排放税率定为接近零欧元。新税制悄无声息地实施了，能源专家和生态主义者夸奖了政府的策略，然后静静地等待着税率逐步上涨。

几乎没有人能想象到一场社会动荡会随之而来。碳税税率上涨了，但对于低收入与中等收入家庭的重要补偿机制并没有连带增加，能源转型投入也未增长。千百万户家庭找不到交通或取暖的低碳替代方案。由于缺乏经济补偿，碳税的上涨只能激发不满。

一切终于在2018年爆发。马克龙政府在取消福利团结税以及降低资本税的大框架下，决定提高碳税。这一年，法国最高收入者需要缴纳的税额下降了超过40亿欧元；然而，碳税总额也上涨了大约40亿欧元。就像我们已经知道的那样，这将不相称地影响低收入和中等收入人口。

　　政府断言该税收方案将对气候和低收入者都有好处，却被数字的现实无情击碎：由于这项改革，最富有的1%的人口，其收入增加了超过6%（最富有的0.1%的人口收入增加了高达20%），而最贫穷的20%的人口则成为改革的大输家，主要是由于碳税。

　　在这样的背景下（外加全球石油天然气价格上涨），低收入和中等收入纳税者感到他们交这些钱就是为了给富人减税——这并不是一个无中生有的指控。这些税收其实只有不到10%被用于补助贫困家庭，而剩下的则在事实上成了送给富人们的一份税务大礼包。

　　一切开始于请愿要求冻结碳税，接着一场社会运动席卷全国，而社会正义是其核心词汇之一。许多示威者抗议说他们在加油站不得不缴税，但航空煤油作为"富人的燃料"竟然免税。这种情形非常悖论：一个每天开车上班的人需要缴碳税，但另一个从巴黎飞到法国南部去度周末的人却不用为飞机消耗的燃油缴纳任何税款。

　　补偿机制的缺位和税收不正义的感觉导致政治局势变得极度紧张，最终让政府不得不冻结碳税。这简直可以成为一个用来研究在21世纪避免进行税务改革的案例……如果政府无法推出一个大胆的方案来帮助底层家庭适应税务和法规改革，如果这些方案无法保证所有社会群体在能源转型中的公平付出，那么环境政策就有受到挑战的风险。

事实上其他选项是完全可能的。就像我们已经读到的那样，在印度尼西亚，能源价格上涨和社会预算增加之间进行了平衡的结合（与2018年法国政府所做的恰恰相反），进而取得了大众的支持。加拿大的不列颠哥伦比亚省在2008年推行了碳税，并选择通过发放累进数额的支票来大规模补偿底层和中产阶级：补偿数额随着收入水平的上升而减少。如今十多年过去，这项碳税在诋毁者面前屹立不倒。环境目标和社会正义目标在这里并未偏废。

一种环境不平等的衡量体系

在本书第二部分，我们看到了在面对环境风险和环境冲击之时，并非所有人都同样脆弱。我们称之为"获取和暴露的不平等"。因此公共政策要提出方案来减少这种不平等。然而，在我与达米安·德马伊（Damien Demailly）一同进行的一项研究[151]中，我们指出这种不平等形式还没有被真正纳入公权力的关注目标，在欧洲尤其如此。这主要归因于不平等并未被恰当地衡量：缺乏适当的评估体系，这些不平等就无法进入政治议程当中，更不必说得到处理。所以如今的主要问题在于开发衡量环境不正义的平台工具，它需要是可靠的并且开放自由使用。

让我们回顾那份我与皮凯蒂在2015年联合国气候大会前夕发布的全球温室气体排放不平等报告。间接排放（为满足本国需求而在外国制造的污染）相关责任的问题并没有在官方气候谈判中被提及。这要部分归因于地缘政治秩序（如果我们考虑为满足西方国家需求而在中国产生的排放，那么欧洲人和美国人就必须为气候付出更多努力），但也正因为这些进口排放，直到近期也不存在可靠的衡量方法。

衡量行为从来不是中立的：它是政治——但这却未必意味着它是斗争或偏见。良好地衡量不平等当然并非解决问题的充分条件：关于收入不平等，我们很多年来一直都掌握着可靠数据，但它仍然持续加剧。但衡量却是将这个问题"付诸政策"的关键一步。

某些国家已经展示了一些案例，而其他国家还依然落后。与人们印象相反的是，美国在这件事上脱颖而出：近几年来美国开发了一套雄心勃勃的规划，对环境不正义问题进行衡量和制图。我们认为这很大程度上归功于20世纪80年代以来风起云涌的社会运动一直在支持环境正义和反对环境种族主义，并且迫使公共行政当局收集、整理并公布此类相关数据。

我们只在这里介绍美国现行的两大衡量工具，它们曾让美国在对抗环境不平等的斗争中名列前茅——在特朗普孤注一掷地试图破坏环境保护计划及其负责机构之前。第一个工具，是环境公共卫生追踪计划（Environmental Public Health Tracking Program），它创建于2005年，目标是将不同的研究共同体聚集在一起，以便简化健康与环境不平等相关数据的收集、交流、追踪、分析与传播。这个行动者网络主要汇集了美国国家航空航天局（NASA）、美国环保署（EPA），以及众多学者和卫生机构，这种跨学科跨部门的协同合作对于环境科学至关重要。第二个工具是由EPA开发供公众使用的一款程序，它能够在本地范围内监测超过300种空气和水的污染物，即风险筛查环境指标模型（Risk Screening Environmental Indicator Model）。这个平台拥有双重优势：它让个人能够意识到自己作为受害者而遭受的不正义，继而向行政机关和法院去讨还自己的权利；同时它也让公权力有机会增进对问题的认识。事实上，这个衡量体系是双向运作的：地方行动者可以结合自己的数据使用这个工具，同时也将行政机关并未掌握的信息上报到了国家层级。所以特朗普第一个任期内在美国掌权的气候怀疑论者曾试图系统性地摧毁EPA这个伟大的环境机构，这不能不令人痛心疾首。拜登上台后在这方面推动了新的跃进，让前景变得更有希望。

此类平台在全球范围内还是凤毛麟角。在我们关注的区域当中，并没有在污染详细程度与透明度方面水平相当的工具。在欧洲，某些国家正在进步当中。比如法国就已经开发了一个地方和国家层面环境不平等的测量和制图平台。这是一项复杂的工作，因为它需要在一个微小的尺度（平方千米级）上收集并交叉比对卫生数据、环境数据、产业数据、社会数据、经济数据和地理数据。另外，就像学者朱利安·科德维尔（Julien Caudeville）所强调的[152]，根据法国法律（其他很多国家也一样），将数据用于初始目标之外的其他目标是极其困难的——这对于隐私保护大有裨益，却在事实上阻碍了许多学者的学术研究，而学者们实际上完全有能力像医疗机构所做的那样，去保护数据的匿名性。[153]

这个平台是迈向衡量暴露不平等的第一步，但如果要有像美国那样对环境不平等的细致呈现，我们还有很长的路要走。仅仅制作这样一个工具是不够的，还必须要让它活跃于地方和国家政治景观当中，而目前法国公众难以获得此类工具。一个便捷的访问途径十分必要，这样才能让公民把这些挑战当成切身事务，并使其在公共辩论中成为活跃话题。此外，污染的特点就是不认国界，所以还有必要在欧洲层面开发一套这样的工具。环境不平等和其他问题一样，获取数据是吹哨人的首要武器。

如何为减少环境不平等融资？

减少环境不平等会产生成本，但计算时也应该减去因不平等减少而得以避免的成本。比如就算我们只考虑与污染有关的婴儿早产开销，这笔钱在美国每年都超过50亿美元。[154] 在法国，根据环境部的数据，所有与污染相关的成本（疾病与对生产力的影响）是每年200亿至300亿欧元，所以如果污染得到控制，就可以省下这些钱。我们也许有必要注意，在保护健康和生命的问题上，不能只采取一套纯粹的会计逻辑。然而，提出成本问题依然是合理的。我们可以运用一些创新的融资模式，即使其严格意义上的财务利益可能无法全部得到偿还。

在《碳与不平等》[155] 这份研究中，我们提出采取温室气体污染的累进税来为适应气候变化融资。这意味着污染者必须随着其污染水平的上升而承担更多责任，尽管如今在公共辩论中被讨论的碳税税率是对所有污染者都同样固定的。这个措施不能取代旨在改变行为和减少排放的传统碳税，但它可以作为补充。

这份研究采用了一种全球性思路，并且提出了问题：如何让最脆弱者找到适应气候变化所必需的1 500亿欧元？我们提出了几项个人碳排放累进税策略（向所有超过平均数的排放者征一项税，向排放量最大的10%排放者再征一项税，向排放量最大的1%排放者再征一项税），并且研究这将会导致怎样的责任地理分布。我们发现，如果我们在全球范围内分摊排放量最大的10%人口的责任，那么其中北美居民要承担46.2%，欧盟居民承担15.6%，中国居民承担11.6%。

表2 二氧化碳当量排放累进税

地理范围	所有排放的责任分摊（%）	累进税策略			根据航空旅行频率的责任分摊（%）
		策略1 所有超过世界平均数的排放者之间的责任分摊（%）	策略2 排放量最大的10%排放者（世界平均数的2.3倍）之间的责任分摊（%）	策略3 排放量最大的1%排放者（世界平均数的9.1倍）之间的责任分摊（%）	
北美	21.2	35.7	46.2	57.3	29.1
欧盟	16.4	20	15.6	14.8	21.9
中国	21.5	15.1	11.6	5.7	13.6
俄罗斯及中亚	6	6.6	6.3	6.1	2.8
其他经合组织国家	4.6	5.8	4.5	3.8	3.8
中东及北非	5.8	5.4	5.5	6.6	5.7
拉丁美洲	5.9	4.3	4.1	1.9	7
印度	7.2	1	0.7	0	2.9
其他亚洲国家	8.3	4.7	4.1	2.7	12.1
撒哈拉以南非洲	3.1	1.5	1.5	1.1	1.1
全球	100	100	100	100	100

来源：尚塞尔和皮凯蒂（2015）

解读：如果我们在排放量最大的10%排放者（他们的排放量是世界平均数的2.3倍）之间分摊责任，那么欧盟居民需要承担15.6%。

这份研究中针对的是发展中国家适应气候变化的融资问题，但我们也完全可以想象一个类似的体系来为工业化国家减少暴露不平等进行融资。原则很简单：污染者承担份额的增加幅度必须要高于其污染水平的增加幅度，这和所得税的累进原理一样。

这样的措施如何实现？理想情况下，必须要掌握每个人（直接和间接）污染水平的详细数据。我们现在不是这么做的，但再过几年这就有可能通过个人污染的衡量方法和工具的进步来实现。目前我们已经可以向相对容易评估的消费（取暖或出行消耗的能源）进行累进性征税。法国许多市镇的供水和垃圾处理已经存在累进收费原则（消费越多，单位费用越高），某些国家和地区也在能源上存在累进收费（如意大利和加利福尼亚），但是目前并没有明确针对碳排放的累进原则。

另一个选择是对那些既象征着高水平生活又意味着高二氧化碳当量排放的消费品征税。在非洲十几个国家和法国，航班机票当中已经包含几欧元的税款，它们基本被用来资助全球药品采购机制（Unitaid），该机构在许多发展中国家与流行病斗争。这项税还有很大的提高空间（毕竟现在一张机票只需要缴几欧元税而已），并且尤其应该推广到其他国家。我们可以要求头等舱和商务舱机票缴纳更多的税款以便进行明确的责任区分，即让这种税更具累进性。每张经济舱机票缴纳20欧元税款，而头等舱缴纳180欧元，这样一来，全球每年总共就可收集到1 500

亿欧元。

最后，除了累进税，我们还可以通过单一税率对二氧化碳当量进行高额征税，然后根据收入条件发放相应的能源消费券；或者通过更大范围的税务改革来进行社会转移，我们在前面已经讲过很多相关案例。我们有太多方法来根据污染责任水平制定税率，以便在法国乃至全世界为减少环境不平等而融资。

我们已经知道，在减少经济不平等的同时考虑环境限制是完全有可能的。我们讨论了三条主轴。首先是通过对基础设施的新投资来发展交通和能源的公共与集体服务，以及通过对家庭的陪伴辅导促进社会规范转变。其次是增强生态税制的力量，这种税制可能造成环境–社会对立，但如果设计得当，生态税制能够超越这种对立。最后是要减少环境不平等，欧洲国家和新兴国家应该开发一系列开放且透明的衡量平台。这些改变都是可以做到的：它们已经在不同的国家实施。若汇聚在一起，它们将会成为一场名副其实的公共政策巨变。

第七章　本地斗争还是国际协作？

在上一章，我们讨论了需要实施哪些公共政策，以便在可持续发展视野下更好地保障社会正义。在大多数情况下，国家和区域组织的角色十分关键。但我们也看到与地方层面的衔接，以及在社会国家层面之外的协作都同样必要。难道没有在其他层级做出行动的可能性吗？比如更本地一些，或是更宏观一些？处理经济和环境不平等的恰当尺度是什么？

本地社群层面的社会与生态正义

面对国家在减少社会与环境不平等、参与生态转型方面的滞后乃至无能，许多受生态主义或无政府主义影响的社会运动都主张对社会正义进行本地和社群的管理，并且提出要通过共享、奉献与互助，依靠小型区域中的人际团结。

关于这方面，在罗布·霍普金斯（Rob Hopkins）倡议下诞生于英国的"转型城镇"运动［Transition Town，由"转型倡议"（Transition Initiative）改名而来］尤其值得关注。它会聚了许多希望在他们自己的层面上参与生态转型的公民，生态转型在这些人看来是无可避免的，他们声称："要么我们自己做好准备，要么我们将被迫承受。"[156]这场运动催生了众多本地倡议，如共享网络（捐赠、回收等）、合作能源系统开发，或是用本地资金促进附近商业。这些倡议有利于提升能源可及性、对某一地点去除污染，或是对失业人员进行援助。

实际上，这些公民运动的强大力量来自每个人的资源和动力。最重要的部分在于本地社群和行动主义，它们能够实现一场真正由所有人参与的投资。[157]这种团结形态尤其回应了哲学家保罗·利科（Paul Ricœur）在《承认的过程》[158]一书中提出的观点：要想"构建社会"，一个集体不应该只是简单地保障最低限度的物质资源，同时还应该满足社会承认的需求。然而在今天，公民-纳税者不再一定能感知到这种承认，并且他们好像与国家这个"冷酷怪物"*及其税务工具越来越格格不入。但是，尽管这些社群对减少不平等做出贡献，并且赋予团结以血肉，它们在解决本书提出的这些问题上还是无法代替社会国家的作用。在经济不平等方面，社团带来的互助能够确立保护网

---

* 语出尼采。

和社会化网络，使人面临剧烈冲击时得以恢复，但是轮到财富再分配问题时，本地社群很快就会山穷水尽：如何设立最低工资？如何避免逃税或者跨区域开采自然资源？国家层级本身在部分程度上能够超越这些问题。

关于与环境不平等进行的斗争，地方社群在将一项挑战或一种不正义纳入政治议程当中，以及实施相应解决措施方面扮演着基础性的角色，就像美国对环境种族主义的斗争以及世界各地的本地斗争几十年来向我们展示的一样。但在这个问题上，答案同样不能仅仅是本地或社群层面的。仅以气候问题为例，如果要"斩草除根"地解决问题，那就必须要消除气候变暖的起因，这就要求产业政策、贸易政策、交通政策在国家乃至更高层面上进行更广泛的协作。不论是否愿意承认，大气污染或化学污染都是超越社群的。

在处理环境冲击影响问题上，本地社群主要能够未雨绸缪，以及管理危机局势。爱德华·巴尔比耶（Edward Barbier）在其研究[159]中分析了最终导致卡特里娜飓风这种灾难的生态、技术和政策体系弱点，他指出本地社群（社团、施压团体、斗争运动等）在增强人群与区域面对环境风险的韧性上扮演了基础性角色：在给人们培训逃生方法以及组织疏散上，社群是最合适的。但是，还是一样的问题，本地层级本身并不足够。当出现巨大损失的时候（卡特里娜飓风导致了上千亿美元的善后花费），在更大范围的时间和空间里来分担费用十分必要，而这正是社会国家可以做到的。

所以本地社群无法代替社会国家来管理经济和环境不平等。本地社群和社会国家两个层级相辅相成且缺一不可。然而一些本地团结运动却排斥国家层级的介入——有时也有道理，因为社会国家有时无法兑现承诺。但在社会与环境正义问题上，真正的风险就是社会国家的消失。此外，一些主张"小国家"的思想家已经很快冲向了这道深渊：因为本地社群越来越多地填补了社会团结功能，所以人们似乎就可以削减社会服务了……这有点像英国前首相大卫·卡梅伦（David Cameron）想做的，他曾经提出过"大社会"对应"小政府"。

恰恰相反，如果能依靠公民社群来创造社会联系，并为团结行动赋予新意义，社会国家在未来将赢得更强的力量和合法性。就像法学家阿兰·叙皮奥（Alain Supiot）所说的[160]，现在我们很难确定这些新的团结形态到底会强化还是削弱社会国家。对公权力的挑战（也是对新行动者的挑战）在于如何明确它们之间的合作模式，以便划定这种团结的轮廓，这同时也是为了防止社会正义的工具被社群化。

我们可以在这里用19世纪末20世纪初法国针对底层阶级的开放医疗机构做一个对比。这些机构最初是独立的，后来逐渐融入公共医疗系统，成为其中保持自主运作的行动者，但同时也承担与公共卫生系统一样的使命（尤其是有义务不带歧视地为一切患者提供治疗）。

按照同样的精神，在遵守某些基本原则的条件下，我们也可以想象公权力能够为那些致力于社会和环境正义的社团或运动的资金募集提供便利。事实上，在许多国家中，对社团的捐助都可以用来抵扣税款。所以我们也可以想象，在对承担公共服务使命的社团进行捐助时，集体也可以享受一定比例的税款抵扣。这个原则并非新事，比如在英国就已经存在。我们还可以更大胆一些，规定一笔提供给社团的预算。每个公民每年都必须选择用这笔预算来补助哪种目标——卡热在著作《民主的价码》中已有这样的提议。这种做法将能够激活民主辩论，让国家与本地行动重新连接，并且使预算问题更加贴近公民。

社会国家之外

社会国家有"自下而上"的竞争者，也同样会"自上而下"被超越：环境问题、收入及资产不平等在民族国家框架限制下并不能得到完全处理。环境污染和资金流动一样，都是跨越国界的。如果缺乏税务政策、贸易政策、社会保障政策的协作，国家就缺乏必要的工具或临界质量*用以减少经济和生态不平等。

---

* 临界质量指的是一个系统达到临界所需易裂变物质的最小质量，这里引申为改革因素的积累。——编注

与本地社群和田野行动相反，另一种运动正在萌芽：社会正义与经济正义挑战的全球管理。在环境挑战方面，一系列气候会议确认了在世界范围内以协作方式处理此类问题的集体需求、困难与愿望。在2015年底巴黎气候变化大会后生效的协定是历史性的。它离解决气候问题还很远（近期研究表明大部分国家并未遵守它们自己在巴黎制定的减排目标），但仍是国际协作具有可操作性的明证。

在经济不平等层面，目前并不存在同等级别的国际协作。但现有的两套程序可能有助于我们朝着这个方向演进。第一个是可持续发展目标，已在本书第一章中进行过介绍。联合国各成员国对这个衡量国内经济不平等变化的共同指标达成了一致。将经济不平等纳入可持续发展目标发挥了多种功能。

首先，共享的衡量标准对于组织国内与国际辩论极其重要。它尤其为评估减少收入不平等的政策行动提供了共同语言。

其次，致力于反对不平等的各个地方、国内或国际行动者可以拿它当作杠杆来质询未达到自定目标的国家。所以这是一个通过国际比较进行政治施压的新工具。这种杠杆被证明是强大有力的：只需要观察学生能力评估国际计划（Pisa）排名对教育领域产生的影响就知道了，一些国家已经提出了相应政策来确保其学生取得优胜。比如在德国，教育体系就进行了部分重新设计，以此让其学生不要落入欧洲最差之列。

我们也许会担心不平等指标（其他指标也一样）会很快被

淹没在可持续发展目标的100多项指标中。但它确实是得到严肃对待的。在斯蒂格利茨委员会*提出新的进步措施之后，许多国家（和地区）都应用了以"超越国内生产总值"[161]为目标的国内指标计分卡。在18个国家和地区的实践中，四分之三的计分卡都包括了至少一项经济不平等指标。[162]

最后，（至少在理论上）可持续发展目标框架能做的并不仅仅是排名，它还鼓励各个国家见贤思齐。知道谁在减少不平等方面成为冠军，而谁又亮了红灯，这让那些有效的措施和注定失败的策略都一目了然。比如在总统米歇尔·巴切莱特（Michelle Bachelet）任期内，智利成功地实施了大规模税务改革，那么它的邻居们从中可以吸取什么？除此之外，欧洲人可以从智利改革中学到什么？为了让可持续发展目标真正起到作用，学术界和公民社会必须抓住这个议题。在国际合作的深度版本中，各个国家应该围坐于圆桌，在国际公民社会监督之下向大家宣布各自计划要做的事情。这听起来像天方夜谭，却已在气候议题上成真，而20年前几乎没有人相信这可以实现。而且，我们也已经在不平等问题上看到了积极转变：近期一场联合国亚太地区大会（联合国框架下最大的地区）特别将主题定为减少不平等，各个国家在会上轮流说明了自己为回应这一挑战而实施的政策。

---

* 斯蒂格利茨曾任美国总统经济顾问委员会主席，此处指的是该委员会。——编注

可持续发展目标并不能实现真正的税务政策、贸易政策或货币政策的协作，但其他进程可以。尤其是在二十国集团（G20）和经合组织（通过全球税收透明度论坛）框架下，以及2016年春天以来世界银行、国际货币基金组织、经合组织和联合国联合提出的税收透明倡议。在2017年和2018年，100多个国家都相互交换了银行记录，并且通常是以自动的形式交换。但必须要指出，积极的转变还远未真正实现，这主要是因为这些国家处理问题的方式过于部门技术化而不够政治性。

如果那些避税天堂不愿意提供必需的信息，我们也不以（贸易、金融或其他）制裁报复手段威胁它们，那么要怎样才能向那些受强大势力支持的国家施加压力？而且由于制裁带来的损失与税务欺诈带来的收益相比不值一提，转型的机会就更加渺茫。经济学家祖克曼认为，如果法国、意大利和德国真的想要压制瑞士对逃税者的庇护，那么就应该威胁向瑞士出口产品开征30%的关税。

此外，为了与某些逃税形式斗争，一套全方位措施已经可供使用——我们在此仅讨论其中一项。现在很多国家都是跨国公司税务优化行为的受害者，这些跨国公司会人为地将其利润分散在各个避税天堂，而这些地方的公司利润税微乎其微乃至根本不存在。这种行为限制了国家为社会保护融资和保障再分配模式的能力。

要想终结这类全球化的畸形现象，只需简单地修改跨国公司征税基础（采用美国为避免国与国不正当税务竞争而实行的"公式分摊"模式），就可以让这类行为的受害国取回自己应得的合法税款。具体而言，跨国公司将不再根据它向一国申报的利润（与它在该国的实际营业额不吻合）被征税，而是会根据其在该国的总营业额的某一个百分比来缴纳。[163] 这是一个在技术上完全可行的改革，实施起来也相对简便，尤其是不用苦苦等待国际社会在这个问题上达成共识。

在环境保护方面，那些最积极的国家也有可能成为其邻国或贸易伙伴"搭便车"行为的受害者，也就是被迫代替别国来保护环境。为了减少此类问题，那些在气候事务上有雄心的国家可以拿起贸易武器，或者实施新的税务策略。它们尤其可以拒绝和那些不遵循气候目标的国家签署贸易协定。但是欧盟和加拿大在2016年10月30日签订的协定却反其道而行之，把气候保护的位阶放在了贸易自由之后。

另一个选择是根据碳足迹对进口产品征收碳关税，这可以在面对不遵守二氧化碳减排要求的外国公司时保护本国产业，本国和外国企业之间的公平从而通过碳关税得以建立。不少研究此问题的专家认为这个措施并不违背国际贸易法律，因为曾经催生了世界贸易组织的《关税及贸易总协定》第20条允许因保护环境与人类生命而获得例外。

在多次欧盟峰会上，一些成员国就已经提出了此类提议，但因部分成员国缺乏政治意愿（比如德国担心这个提议会刺激非欧盟的贸易伙伴）而从未付诸实施。要想走出这个死胡同，有意愿的国家可以先从向高碳足迹物品的消费征税（在第六章所说的针对燃料的碳税之外，比如对水泥或钢铁也征税）入手。这个选项的优点在于可以由有意愿的国家单方面实施，并且对外国产品和本国产品一视同仁。[164]

这些案例告诉我们，各国在不把国际贸易拒之门外的情况下（否则对于最贫穷者将是灾难）仍然可以找到税收政策、社会政策和生态政策的回旋空间。这需要把贸易目标摆在恰当的位置上——也就是说让它为生态转型和社会转型服务。具体而言就是要通过推动相关措施来避免社会和环境标准被拉低。公司利润税或者碳关税等政策显示，那些希望减少不平等和保护环境的国家没有必要一直等待国际社会就这些挑战达成共识，它们可以即刻行动并且掀起连环效应。

全球和本地的虚假对立

尽管可持续发展目标志向远大，但也应该对它保持怀疑目光：如果联合国进程的承诺都能够兑现，那么世界早就应该是一个和平与正义的宁静港湾了。不论如何，尽管这些国际计划有各种局限，但70年来也在环境、科学和社会方面实现了众多进步。

尽管我们常常视而不见，但国际协作确确实实有着孵化并滋养本地行动主义的能力。这个事实已经在打击生物盗版*或保护原住民权利这些关键挑战上得到了验证：这些问题曾经被相关国家长期无视，直到有关国际会议召开，才让实际行动者把这个议题强行推向国内政治舞台。同样也是因为历次世界气候大会以及非政府组织的动员，气候问题的关注度越来越高，并且成为各国领导人的一项重大关切事务。民间社团对气候大会的很多批评都不无道理——这些参会方躲在"与世隔绝的象牙塔"当中，并且缺乏对违反气候协定的实际制裁——但是若没有气候大会，民间团体对现有发展模式这条死胡同的抗议也难以得到那么多的关注。

本地斗争、国家行动者、国际协作，不同行动层面的衔接显然是极其艰难复杂的。不论在什么情况下，民族国家手中的工具都不足以处理经济和环境不平等问题，甚至还不如本地行动者所掌握的多。而且要是没有田野行动，那么国际协定也将一文不值。所以我们必须在这个衔接问题上下功夫，才能以合作方式去减少经济和环境不平等。而尽管国家具有很多局限、滞后和矛盾，也仍然是处理经济财富和生态财富分布问题的重要场所。但是，要想应对好不平等和环境危机的双重挑战，一场刮骨疗毒的大转变还是势在必行。

---

* 生物盗版（biopiraterie），指的是个人或组织出于牟利目的非法提取生物遗传资源基因或盗用原住民社区知识的行为。——编注

结　论

经济不平等和环境不平等之间有何联系？这场探索已经进入尾声。

在一开始，我们了解到经济不平等是当代世界真正的不可持续因素：现有的收入和财富不平等程度既让民主制度难以为继，也让经济运作失去效率，它使整个社会的健康和社会问题都在不分贫富地变本加厉，在环境保护上也造成了恶劣后果。这些事实都正在日益清晰。

最令人忧心忡忡的是非常严峻的发展趋势：在几乎所有我们掌握了其数据的国家中，收入和财产不平等都在加剧。一片晦暗的景象下也有曙光，不平等的加剧是由一系列税收、社会、贸易和教育政策的实施（或缺乏）而导致的，所以现在完全可以采取其他政策来推翻这种趋势。

有些人认为市场经济是所谓"不可超越"的，他们（有意或无意地）让人们相信不平等加剧乃是命中注定，但事实并非如此。关于这个议题，还有待美国、欧洲和各新兴国家来做出具体回应，但我们已经看到各个层面（公民社会、学界、国际组织、企业界）的行动者之间的共识正在萌芽，大家都认为有必要降低经济不平等的极端水平。将这个方向纳入可持续发展目标当中就是一大例证。尽管这些还远远不够，但已经是一种名副其实的突破性进展。

我们还指出，可持续发展要求我们必须关注社会不正义的另一个面向：环境不平等。它与经济不正义有着紧密联系。事实上，最贫困者在获取能源这种商品化的环境资源或者优质食品上必然更加困难重重，对于获取洁净空气、未污染的土地和一块能躲避龙卷风或干旱的区域这类非商品资源也是一样。我们详细介绍了一些最惊人的恶性循环机制，正是它们将经济不平等和环境不平等联系在一起：不正义加倍成双，因为环境污染最大的受害者反而通常是污染责任最小的人。

要想逆转这一趋势，大规模转型势在必行。我们已经知道有众多政策能够缩小经济差距，并且不会加剧环境压力以及关联的环境不平等。这些政策已经在新兴国家和发达国家得到实施。因此，只要学习如今欧洲、印度、美国或其他地方正在实践的优秀案例，巨变将近在咫尺。换句话说，这场转变必须要既深刻又激进，而它已经触手可及。

我们正着手推进的转型仍然需要所有行动者共同大力推进：公民社会要积极把现有各种形式的不正义写入政治议程中，设想解决方案并推动其实施；学者要继续衡量并理解环境与社会不平等；国家政治行动者要睁大眼睛观察其他地方和其他层级正在做的事。这场巨变毫无疑问将面对许许多多的障碍和倒退，并且需要我们发挥充分的想象力和能量才能达成。但是，我们完全有可能走出这场社会不平等和环境不平等的恶性循环，并且重新创造一个既正义又可持续的未来生活环境，这正是本书想要呈现的。

注　释

1. Thomas Piketty, *Le Capital au XXIe siècle*, Seuil, 2013. 根据杂志《书籍周刊》(*Livres Hebdo*)的数据，此书2020年在全球销售超过250万册，在法国销售30万册。

2. Jonathan D. Ostry, Andrew Berg et Charalambos G. Tsangarides, « Redistribution, inequality, and growth », FMI, 2014.

3. « Poverty and shared prosperity 2016. Taking on inequality », Banque mondiale, 2016.

4. « Divided we stand. Why inequality keeps rising », OCDE, 2011.

5. Francis Fukuyama, *La Fin de l'histoire et le dernier homme* [1992], Flammarion, « Champs », 2009.

6. David Le Blanc, « Towards integration at last ? The sustainable development goals as a network of targets », *Desa Working Paper*, n° 141, 2015.

7. Lucas Chancel, Alex Hough et Tancrède Voituriez, « Reducing inequalities within countries. Assessing the potential of the Sustainable Development Goals », *Global Policy*, n° 9(1), 2018.

8. 尤其参阅 Alain Supiot, *Grandeur et misère de l'État social*, Fayard, « Leçons inaugurales du Collège de France », 2013。

9. Eric Kaufmann, « Trump and Brexit : why it's again NOT the economy, stupid », *British Politics and Policy* at LSE, 2016.

10. Thiemo Fetzer, « Did austerity cause Brexit ? », *American Economic Review*, novembre 2019.

11. McKinsey, « Poorer than their parents ? Flat or falling incomes in advanced economies », McKinsey Global Institute, 2016.

12. 参阅 Thomas Piketty, « Brahmin left vs merchant right. Rising inequality and the changing structure of political conflict », World Inequality Lab, 2018。

13. Julia Cagé, *Le Prix de la démocratie*, Fayard, 2018.

14. Nolan McCarty, Keith T. Poole et Howard Rosenthal, *Polarized America. The dance of ideology and unequal riches*, MIT Press, 2016 (1re éd. 2006).

15. Éloi Laurent, « Inequality as pollution, pollution as inequality », Stanford Center on Poverty and Inequality, 2013.

16. Richard Wilkinson et Michael Marmot, *Social Determinants of Health. The solid facts*, OMS, 2003.

17. Richard Wilkinson et Kate Pickett, *Pourquoi l'égalité est meilleure pour tous,* Les petits matins/Institut Veblen, 2013.

18. 如果落入这个陷阱，当一个观察地球的火星人看到每当下雨的时候就会出现雨伞，他可能会推断出是雨伞导致了下雨。所以一定要合理地警惕"与此故因此"（*Cum hoc ergo propter hoc*）这个逻辑谬误。

19. Andreas Bergh, Therese Nilsson et Daniel Waldenstrom, *Sick of*

Inequality, Edward Elgar, 2016.

20.   Luis Vitetta, Bill Anton, Fernando Cortizo et al., « Mind-Body medicine. Stress and its impact on overall health and longevity », *Annals of the New York Academy of Sciences*, n° 1057–1, 2005.

21.   Michelle Kelly-Irving, Benoit Lepage, Dominique Dedieu *et al.*, « Childhood adversity as a risk for cancer. Findings from the 1958 British birth cohort study », *BMC Public Health*, n° 13–1, 2013.

22.   Raj Chetty, Nathaniel Hendren, Patrick Kline et al., « Where is the land of opportunity? The geography of intergenerational mobility in the United States », *National Bureau of Economic Research*, 2014.

23.   Karla Hoff et Priyanka Pandey, « Belief systems and durable inequalities. An experimental investigation of Indian caste », *Policy Research Working Paper*, n° 3351, Banque mondiale, 2004.

24.   Claude M. Steele et Joshua Aronson, « Stereotype threat and the intellectual test performance of African Americans », *Journal of Personality and Social Psychology*, n° 69–5, 1995.

25.   Michael J. Raleigh, Michael T. McGuire, Gary L. Brammer et al., « Social and environmental influences on blood serotonin concentrations in monkeys », *Archives of General Psychiatry*, n° 41–4, 1984. 也可参阅 Robert H. Frank, Luxury Fever. *Money and happiness in an era of excess*, Princeton University Press, 2000。

26.   James E. Zull, « The art of changing the brain. Enriching teaching by exploring the biology of learning », *Stylus Publishing*, 2002.

27.   Pierre Bourdieu et Jean-Claude Passeron, *La Reproduction. Éléments pour une théorie du système d'enseignement*, Minuit, 1970.

28. 更确切地说应该叫"瑞典中央银行纪念阿尔弗雷德·诺贝尔经济学奖",为方便起见,本书中统一称为"诺贝尔经济学奖"。

29. Simon Kuznets, « Economic growth and income inequality », *American Economic Review*, n° 45–1, 1955.

30. Arthur M. Okun, *Equality and Efficiency. The big tradeoff*, Brookings Institution, 1975.

31. 最富裕人群的储蓄额比最贫困人群更多,因此在其他条件相同的情况下,一个社会越不平等储蓄就越多。

32. Nicholas Kaldor, « Capital accumulation and economic growth », dans *The Theory of Capital*, Springer, 1961.

33. Jonathan D. Ostry, Andrew Berg et Charalambos G. Tsangarides, « Redistribution, inequality, and growth »,*op. cit.*

34. 过去20年以来,在18项明确的定量研究中,一半的结论是不平等不利于经济增长,6项研究得出了相反结论,另外有3项则是混合结论。参阅 Federico Cingano, « Trends in income inequality and its impact on economic growth », *OCDE Social Employment and Migration Working Papers*, n° 163, OCDE, 2014。

35. Alain Cohn, Ernst Fehr, Benedikt Herrmann et al., « Social comparison in the workplace : evidence from a field experiment », *Discussion Paper*, n° 5550, IZA, 2011.

36. Emily Breza, Supreet Kaur et Yogita Shamdasani, « The morale effects of pay inequality », *Working Paper*, n° 22491, NBER, 2015.

37. David Card, Alexandre Mas, Enrico Moretti et Emmanuel Saez,

« Inequality at work. The effect of peer salaries on job satisfaction »,
American Economic Review, n° 102–6, 2012.

38. Federico Cingano, « Trends in income inequality and its impact on economic growth », *op. cit.*

39. 然而，这个研究被其所用的资料限制。作者没有很好地衡量金字塔顶端的不平等，这些不平等并非真的由教育不平等造成。

40. Joseph E. Stiglitz, *Le Prix de l'inégalité*, Actes Sud, 2014.

41. Raghuram G. Rajan, *Fault Lines. How hidden fractures still threaten the world economy*, Princeton University Press, 2011.

42. Ori Heffetz, « A test of conspicuous consumption. Visibility and income elasticities », *Review of Economics and Statistics*, n° 93–4, 2010.

43. Thorstein Veblen, *Théorie de la classe de loisir*, Gallimard, 1979 [Macmillan, 1899].

44. Jean Baudrillard, *La Société de consommation*, Folio, 1996.

45. Samuel Bowles et Yongjin Park, « Emulation, inequality, and work hours : was Thorstein Veblen right ? », *The Economic Journal*, n° 115, 2005.

46. Éloi Laurent, « Inequality as pollution, pollution as inequality », *op. cit.*

47. 碳税在法律上受到宪法委员会的谴责，理由是碳税造成了某些公司（它们须遵守欧洲碳配额制度和缴纳碳税）与其他无须纳税的公司之间的不平等。

48. Elinor Ostrom, *Governing the Commons. The evolution of institutions for collective action*, Cambridge University Press, 1990.

49. 关于这个问题主要参阅 Ian Gough, Heat, Greed and Human Need. *Climate change, capitalism and sustainable wellbeing*, Edward Edgar, 2017。

50. Anthony B. Atkinson, « On the measurement of inequality », *Journal of Economic Theory*, vol. 2, n° 3, 1970.

51. 另外，社会阶层越低，被征税的收入就越少，因此我们也有可能在此低估贫困家庭的收入。所以这种资料来源也有其局限性，正因如此，如有可能最好要交叉比对不同资料源（税务资料与调查），以便使收入和财富分配整体有尽可能细致的反映。

52. Thomas Piketty, Emmanuel Saez et Gabriel Zucman, « Distributional national accounts : methods and estimates for the United States », National Bureau of Economic Research, 2016.

53. Karl Polanyi, *La Grande Transformation. Aux origines politiques et économiques de notre temps,* Gallimard, 1983 [1944]. 关于这些差异更深层次的讨论，参阅 Facundo Alvaredo, Lucas Chancel, Thomas Piketty, Emmanuel Saez et Gabriel Zucman, *Rapport sur les inégalités mondiales*, Seuil, 2018。

54. Facundo Alvaredo et al., *Rapport sur les inégalités mondiales, op. cit.*

55. 特别请参阅 Markus Stierli, Anthony Shorrocks, James B. Davies *et al.*, « Global wealth report 2014 », Crédit suisse, 2014。

56. 更深入的分析请参阅 Thomas Piketty, *Le Capital au XXIe siècle, op. cit.* ; Anthony B. Atkinson, *Inequality*, Harvard University Press, 2015 ; Branko Milanovic, *Global Inequality. A new approach for the age of globalization*, Harvard University Press, 2016。

57. 参阅 Claudia Goldin et Lawrence Katz, *The Race between Technology and Education*, Harvard University Press, 2009。

58. 参阅 Facundo Alvaredo et al., *Rapport sur les inégalitésmondiales, op. cit.*, 报告中我们进一步讨论了这些问题。

59. Thomas Piketty, *Le Capital au XXIe siècle, op. cit.*

60. N. Gregory Mankiw, « Defending the one percent », *The Journal of Economic Perspectives*, n° 27–3, 2013.

61. 参阅 « Global CEO Pay Index », Bloomberg, 2017, 以及 Thomas Piketty, Emmanuel Saez et Stefanie Stantcheva, « Optimal taxation of top labor incomes. A tale of three elasticities », *American Economic Journal : Economic Policy*, n° 6–1, 2014。

62. Paul R. Krugman, « Trade and wages, reconsidered », *Brookings Papers on Economic Activity*, 2008.

63. 然而请注意，许多大规模开放贸易边境的新兴国家却遭遇了不平等的加剧（比如阿根廷、智利、印度和中国）。

64. Paul R. Krugman, *Rethinking International Trade*, MIT press, 1994.

65. 必须要强调克鲁格曼从未低估贸易对不平等理论上的影响，但他在20世纪90年代掌握的资料并不支持贸易会影响不平等的结论。

66. Thomas Philippon et Ariell Reshef, « Wages and human capital in the US financial industry : 1909–2006 », National Bureau of Economic Research, 2009.

67. Thomas Piketty, *Le Capital au XXIe siècle, op. cit.*

68. Julia Tanndal et Daniel Waldenström, « Does financial deregulation boost top incomes ? Evidence from the Big Bang »,

Centre for Economic Policy Research, 2016.

69. 这份由美国总统里根（Ronald Reagan）和英国首相撒切尔夫人（Margaret Thatcher）在20世纪80年代初达成的意识形态共识后来被转化为一系列旨在促进商品和资本市场自由化并削弱政府经济角色的措施。

70. Rawi Abdelal, *Capital Rules. The construction of global finance*, Harvard University Press, 2007.

71. 参阅Jacob S. Hacker, *The Institutional Foundations of Middle Class Democracy*, Policy Network, 2011。

72. 奥巴马推行的提高联邦合同工最低工资的改革当然是值得赞许的，但这也仅仅能让它恢复到1968年的水平而已，而且还不适用于所有的合同工。民主党参议员曾提出一项法案，截至2020年，让所有类型合同工的最低时薪从7.3美元提高到12美元，但由于民主党在参议院不占多数而未获通过。

73. Florence Jaumotte et Carolina Osorio-Buitron, « Inequality and labor market institutions », FMI, 2015.

74. 根据基尼系数和调查数据库得出。参阅 « OECD Income and distribution database », OCDE, 2016。

75. Isabelle Joumard, Mauro Pisu et Debbie Bloch, « Tackling income inequality. The role of taxes and transfers », *OECD Journal : Economic Studies*, OCDE, 2012.

76. « OECD Focus on top incomes », OCDE, 2014.

77. Fabien Dell, Thomas Piketty et Emmanuel Saez, « Income and wealth concentration in Switzerland over the 20th century », Centre for Economic Policy Research, 2005.

78. Thomas Piketty, Emmanuel Saez et Stefanie Stantcheva,

« Optimal taxation of top labor incomes. A tale of three elasticities »,
American Economic Journal : Economic Policy, n° 6–1, 2014.

79. « OECD Focus on top incomes », *op. cit.*

80. Martin Gilens et Benjamin I. Page, « Testing theories of
     american politics. Elites, interest groups, and average citizens »,
     Perspectives on Politics, n° 12–3, 2014.

81. Julia Cagé, *Le Prix de la démocratie*, *op. cit.*

82. Lucas Chancel et Thomas Spencer, « Greasing the wheel. Oil's
     role in the global crisis », VoxEU.org, 2012.

83. Robert K. Kaufmann, Nancy Gonzalez, Thomas A. Nickerson
     et al., « Do household energy expenditures affect mortgage
     delinquency rates ? », *Energy Economics*, n° 33–2, 2011.

84. 参阅 Branko Milanovic, *Global Inequality. A new approach for the
     age of globalization*, Harvard University Press, 2016。

85. 参阅 Mariana Mazzucato, *The Entrepreneurial State. Debunking
     public* vs. *private sectors myths*, Anthem Press, 2013。

86. Facundo Alvaredo et *al.*, *Rapport sur les inégalités mondiales, op.
     cit.*

87. Éloi Laurent, « Issues in environmental justice within the European
     Union », *Ecological Economics,* n° 70(11), 2011.

88. Christine Liddell et Chris Morris, « Fuel poverty and human health
     : a review of recent evidence », *Energy Policy*, n° 38–6, 2010.

89. Robert K. Kaufmann et al., « Do household energy expenditures
     affect mortgage delinquency rates ? », *op. cit.*

90. 这只是一个平均数：狩猎–采集者一天中大部分时间在户外
     活动，比今天的定居者有更高的能量需求。

91.　这里将奴隶大量消费的全部能量都算到他们的主人头上，因为这些人可能一直劳动至死，所以这么算是合理的。也就是说我们在此并不打算讨论金字塔建造工人所受的奴役与约束程度。学者们实际上倾向于认为古埃及在托勒密王朝以前并不存在奴隶制，但许多奴役形式仍然是存在的，比如徭役（强迫所有人参与大型水利工程或纪念性建筑的施工）或强制劳动（针对公法罪犯）。另外我们推测一头役驴每日消耗10千瓦时，并且不再算入其他能源，这当然过度简化了问题，但也足够让我们得到一个合理的数量级。

92.　Glen P. Peters et Edgar G. Hertwich, « CO_2 embodied in international trade with implications for global climate policy », *Environmental Science & Technology*, n° 42–5, 2008.

93.　Prabodh Pourouchottamin, Carine Barbier, Lucas Chancel et al., « New representations of energy consumption », *Cahiers du Clip*, 2013.

94.　Narasimha D. Rao et Jihoon Min, « Estimating uncertainty in household energy footprints », IAASA, 2017.

95.　A. Y. Hoekstra et A. K. Chapagain, « Water footprints of nations : water use by people as a function of their consumption pattern », *Water Resources Management*, n° 21, 2006, p. 35–48.

96.　在印度与中国，很大一部分人口生活在经常面临缺水的地区，情况恶化的因素之一是在气候变化影响下冰川退化，造成下游的缺水。此现象不仅存在于喜马拉雅山脉，也存在于安第斯山脉，而且在未来会越发严峻。

97.　例如参阅 Kate Bayliss, « Services and supply chains : the role of the domestic private sector in water service delivery in Tanzania »,

Pnud, 2011。

98. « Inégalités sociales de santé en lien avec l'alimentation et l'activité physique », Inserm, 2014. 儿童超重的普遍趋势近期得以遏制，尽管这常常被当作一个好消息，但实际上却是通过扩大差距实现的：最富有的儿童越来越瘦，而最贫困的儿童越来越胖。

99. Karl Marx, « Débats sur la loi relative au vol de bois », *Rheinische Zeitung*, octobre-novembre 1842.

100. Joan Martinez-Alier, *L'Écologisme des pauvres. Une étude des conflits environnementaux dans le monde*, Les petits matins/Institut Veblen, 2014 [Edward Elgar Publishing, 2003].

101. Stéphane Hallegatte, Mook Bangalore, Laura Bonzanigo et al, « Shock waves. Managing the impacts of climate change on poverty », *Climate Change and Development Series*, Banque mondiale, 2015.

102. Richard Wilkinson et Michael Marmot, *Social Determinants of Health*, *op. cit.*

103. Stephen M. Rappaport et Martyn T. Smith, « Environment and disease risks », *Science*, 2010.

104. « Siting of hazardous waste landfills and their correlation with racial and economic status of surrounding communities », General Accounting Office, 1983 ; Seema Arora, Timothy N. Cason et al, « Do community characteristics determine environmental outcomes ? Evidence from the toxics release inventory », *Resources for the Future*, 1996.

105. Anna Aizer, Janet Curie, Peter Simon et al., « Lead exposure and racial disparities in test scores », *Brown University Working*

Papers, 2015.

106. 今天儿童遭受铅中毒的比例是0.1%，即20世纪90年代的二十分之一。

107. Heather M. Stapleton, Sarah Eagle, Andreas Sjödin et al., « Serum PBDEs in a North Carolina toddler cohort. Associations with handwipes, house dust, and socioeconomic variables », *Environmental Health Perspectives*, n° 120–7, 2012.

108. 这里所说的头发直径为100微米，比人们的平均值（大约70微米）稍粗一些。

109. « Coal blooded », National Association for the Advancement of Colored People, 2012 ; Conrad G. Schneider et M. Padian, « Dirty air, dirty power. Mortality and health damage due to air pollution from power plants », Clean Air Task Force, 2004.

110. Séverine Deguen, Claire Petit, Angélique Delbarre et al., « Neighbourhood characteristics and long-term air pollution levels modify the association between the short-term nitrogen dioxide concentrations and all-cause mortality in Paris », *PLOS One*, n° 10–7, 2015.

111. « Burden of disease from household air pollution for 2012. Summary of results », OMS, 2014.

112. 罹患此类疾病的风险会上升12%至28%，具体情况取决于相关的农民人口。参阅« Pesticides : effets sur la santé », *Expertises collectives*, Inserm, 2013。

113. 在欧洲和北美尤其如此，在许多新兴国家，乡村的信息传播与医疗系统可及性比城市更加薄弱，因此结果也很可能一样。

114. Joan Martinez-Alier, *L'Écologisme des pauvres, op. cit.*

115. Erich M. Fischer et Reto Knutti, « Anthropogenic contribution to global occurrence of heavy-precipitation and high-temperature extremes », *Nature Climate Change*, n°s 5–6, 2015.

116. 由大卫·西蒙（David Simon）和埃里克·奥弗迈耶（Eric Overmyer）编剧并在2010年至2013年于HBO电视台上线。

117. François Gemenne, « What's in a name : social vulnerabilities and the refugee controversy in the wake of Hurricane Katrina », dans *Environment, Forced Migration and Social Vulnerability*, Springer, 2010.

118. Gordon Walker et Kate Burningham, « Flood risk, vulnerability and environmental justice. Evidence and evaluation of inequality in a UK context », *Critical Social Policy*, 2011.

119. Stéphane Hallegatte, Mook Bangalore et Laura Bonzanigo, « Shock waves. Managing the impacts of climate change on poverty », Banque mondiale, 2016.

120. Nicholas Stern, *The Economics of Climate Change*, Cambridge University Press, 2007.

121. Gene M. Grossman et Alan B. Krueger, « Economic growth and the environment », *The Quartely Journal of Economics*, 1995.

122. David I. Stern, Michael S. Common et Edward B. Barbier, « Economic growth and environmental degradation. The environmental Kuznets curve and sustainable development », *World Development*, n° 24–7, 1996.

123. Diana Ivanova, Konstantin Stadler, Kjartan Steen-Olsen et al., « Environmental impact assessment of household consumption », *Journal of Industrial Ecology*, 2015.

124. Manfred Lenzen, Mette Wier, Claude Cohen et al., « A comparative multivariate analysis of household energy requirements in Australia, Brazil, Denmark, India and Japan », *Energy*, n° 31-2, 2006.

125. 参阅 Fabrice Lenglart, Christophe Lesieur et Jean-Louis Pasquier, « Les émissions de CO_2 du circuit économique en France », *L'Économie française*, 2010 ; Jane Golley et Xin Meng, « Income inequality and carbon dioxide emissions. The case of Chinese urban households », *Energy Economics*, n° 346-6, 2012。

126. 参阅 Lucas Chancel et Thomas Piketty, « Carbon and inequality. From Kyoto to Paris. Trends in the global inequality of carbone emissions (1998-2013) & prospects for an equitable adaptation fund », Paris School of Economics, novembre 2015。美国的数值接近卡文·于梅尔（Kevin Hummel）的研究结果（« Who pollutes ? A household-level database of America's greenhouse gas footprint », CGDEV, 2014），对应的收入-碳排放弹性大约是0.6%。在« Carbon and inequality »中我们使用的是中位数0.9%。

127. Prabodh Pourouchottamin et al., « Nouvelles représentations des consommations d'énergie », *Cahiers du Clip*, 2013.

128. Lucas Chancel, « Are younger generations higher carbon emitters than their elders ? Inequalities, generations and CO_2 emissions in France and in the USA », *Ecological Economics*, n° 100, 2014.

129. 同上。

130. Jean-Pierre Nicolas et Damien Verry, « A socioeconomic and spatial analysis to explain greenhouse gas emission due to

individual travels », RGS-IBG Annual International Conference, 2015.

131. « Are younger generations higher carbon emitters than their elders ? Inequalities, generations and CO_2 emissions in France and in the USA »聚焦于直接排放，但如果我们将间接排放纳入，其结果极有可能被放大。可惜的是，由于缺乏有效数据，我们还无法证明。需要明确，我是围绕某个时间段内的趋势来衡量世代效应的，但这并不会让结果出现偏差，因为20世纪70年代末以来的人均直接排放量一直是减少的。

132. 我们要在此注意，20世纪70至80年代并不存在廉价航班，因此年轻一代搭乘飞机的频率比父母辈同龄时更高。然而对于整体直接排放量（包括飞机）来说，这方面的影响似乎并无决定性——至少到我这份研究所涉的最后时限2005年为止是如此。还要注意，以每人每千米计算，一辆载有两人的老汽车产生的排放并不比一架中程客机少很多（前者为大约每人每千米80克至100克二氧化碳当量，后者为100克至120克二氧化碳当量）。

133. Shoibal Chakravarty et M. V. Ramana, « The hiding behind the poor debate. A synthetic overview », dans *Handbook of Climate Change and India : Development, Politics and Governance*, Oxford University Press, New Delhi, 2011.

134. Shoibal Chakravarty, Ananth Chikkatur, Heleen de Coninck et al., « Sharing global CO_2 emission reductions among one billion high emitters », *Proceedings of the National Academy of Sciences*, n° 106–29, 2009.

135. Lucal Chancel, « Global income inequality », WID.world Working

Paper, 2021.

136. 参见原书第149页注133。

137. Homi Kharas, « Émergence d'une classe moyenne mondiale et d'une économie à faible émission de carbone », *Regards sur la terre*, 2016.

138. Éloi Laurent, « Inequality as pollution, pollution as inequality » *op. cit.*

139. www.lucaschancel.info/insoutenables.

140. Mildred Warner, « Privatization does not yield cost saving », dans Belén Balanyá, Brid Brennan, Olivier Hoedeman, Satoko Kishimoto et Philipp Terhorst (dir.), *Reclaiming Public Water. Achievements, struggles and visions from around the world*, TNI, 2005.

141. Belén Balanyá et al. (dir.), *Reclaiming Public Water, op. cit.*

142. Robin Carruthers, Malise Dick, et Anuja Saurkar, « Affordability of public transport in developing countries », *Transport Papers*, Banque mondiale, 2005.

143. Uri Dadush et Shimelse Ali, « In search of the global middle class. A new index », *The Carnegie Papers*, 2012.

144. Anne Dujin, « Comment limiter l'effet rebond des politiques d'efficacité énergétique dans le logement ? », Credoc, 2013.

145. Timothée Érard, Lucas Chancel et Mathieu Saujot, « La précarité énergétique face au défi des données », Iddri, 2015.

146. Lucas Chancel, « Quel bouclier social-énergétique ? », Iddri, 2013.

147. 根据国际货币基金组织的数据，如果算上间接健康成本，化石能源给各国带来的成本是原先的15倍，也就是一年接近4.5

万亿欧元。

148. Thomas Sterner (dir.), *Fuel Taxes and the Poor. The distributional effects of gasoline taxation and their implications for climate policy*, Routledge, 2012.

149. Asian Development Bank, « Fossil fuel subsidies in Indonesia : trends, impacts, and reforms », 2015.

150. Jean-Charles Hourcade et Emmanuel Combet, *Fiscalité carbone et finance climat. Un contrat social pour notre temps*, Les petits matins/Institut Veblen, 2017.

151. Lucas Chancel et Damien Demailly, « Inequalities and the environment : an agenda for applied policy research », Iddri, 2015.

152. Julien Caudeville, Nathalie Velly et Martine Ramel, « Retour d'expérience des travaux de caractérisation des inégalités environnementales en région », *rapport d'étude pour le ministère de l'Environnement, de l'Énergie et de la Mer*, Ineris, 2016.

153. 请注意，在第二次世界大战后法国的法律才对此进行了严格规定，作为对维希政权和纳粹占领期间滥用个人档案情况的弥补。因此在个人档案建立与使用相关法条的修改议题上，有些保留意见也是可以理解的。

154. Leonardo Trasande, Patrick Malecha et Teresa Attina, « Particulate matter exposure and preterm birth : estimates of US attributable burden and economic costs », *Environ Health Perspect,* vol. 124, n° 12, 2016.

155. Lucas Chancel et Thomas Piketty, « Carbon and inequality », *op. cit.*

156. Rob Hopkins et al., *The Transition Handbook. From oil dependency to local resilience*, Green Books, 2008.

157. Luc Semal, « Le militantisme écologiste face à l'imaginaire collectif : le cas des villes en transition », dans Sophie Poirot-Delpech et Laurence Raineau, *Pour une socio-anthropologie de l'environnement. Regards sur la crise écologique*, L'Harmattan, 2012.

158. Paul Ricœur, *Parcours de la reconnaissance*, Stock, 2004.

159. Edward B. Barbier, « Hurricane Katrina's lessons for the world », Nature, n° 524–7565, 2015.

160. Alain Supiot, *Grandeur et misère de l'État social, op. cit.*

161. Joseph Stiglitz, Amartya Sen et Jean-Paul Fitoussi, « Rapport de la Commission sur la mesure des performances économiques et du progrès social », ministère de l'Économie, de l'Industrie et de l'Emploi, 2009.

162. 一些国家是例外，比如英国是"福利指标"的先锋，但在计分卡中包含的30多项指标里没有针对收入和财产不平等的明确标准。

163. 关于这些议题，参阅 Gabriel Zucman, *The Hidden Wealth of Nations. The scourge of tax havens*, Chicago University Press, 2015。

164. 参阅 Karsten Neuhoff et al., « Inclusion of consumption of carbon intensive materials in emissions trading », *Climate Strategies*, 2016。目前欧洲现行的配额制度只考虑生产层面，并且只针对位于欧盟境内的生产者。如果实行消费税，那就可以把所有生产者都纳入其中，即使它位于欧盟之外。

致 谢

我对唐克雷德·瓦蒂里耶（Tancrède Voituriez）和托马斯·皮凯蒂致以特别的谢忱，他们是我写作本书的灵感源泉，并且在本书出现的许多研究论著中与我合作。我还要感谢可持续发展与国际关系研究所（Iddri）的同事们，我与他们合作了很多在本书中得到引用的研究项目，他们是米歇尔·科隆比耶、克劳德·亨利（Claude Henry）、特雷莎·里贝拉（Teresa Ribera）、马修·索若和洛朗斯·蒂比亚纳（Laurence Tubiana）。我还要向学者路易·肖韦尔（Louis Chauvel）、普拉博德·普鲁乔塔明、纳拉辛哈·拉奥、朱莉娅·施泰因贝格尔（Julia Steinberger）以及世界不平等实验室的同事们表达谢意。感谢玛丽-埃迪特·阿卢夫（Marie-Édith Alouf）、多米尼克·尚塞尔（Dominique Chancel）和奥萝尔·拉吕克（Aurore Lalucq）的精心审校。最后感谢我的家庭与朋友，他们给了我无尽的能量。